高等职业教育机电类专业"十三五"规划教材

冲压模具设计

——基于工作过程的项目式教程

匡和碧　张　梅　主编

中国铁道出版社有限公司
CHINA RAILWAY PUBLISHING HOUSE CO., LTD.

内 容 简 介

本书是按照"项目导向"和"任务驱动"的理念编写的。全书内容包括冲孔落料复合模设计、V形支架弯曲模设计、无凸缘圆筒形钢杯拉深模设计、孔整形连续模设计四个项目，以项目引导学生自主地学习。每个项目按工作过程分解成若干个任务，学生按顺序完成所有任务后，相应项目也就完成了。

全书内容由浅入深，循序渐进，强调知识技能的培养，注重知识与技能的结合，着重提高学生的学习能力及分析和解决问题的能力，充分体现了"做中学，学中做"的职业教学特色。

本书适合作为高等职业院校模具设计与制造专业及机械、机电等相关专业教材，也可供相关工程技术人员及自学者参考。

图书在版编目（CIP）数据

冲压模具设计：基于工作过程的项目式教程/匡和碧，张梅主编．—北京：中国铁道出版社，2017.1（2024.7重印）
高等职业教育机电类专业"十三五"规划教材
ISBN 978-7-113-22556-8

Ⅰ．①冲… Ⅱ．①匡… ②张… Ⅲ．①冲模－设计－高等职业教育－教材　Ⅳ．①TG385.2

中国版本图书馆 CIP 数据核字（2016）第 287088 号

书　　名：冲压模具设计——基于工作过程的项目式教程
作　　者：匡和碧　张　梅

策　　划：何红艳
责任编辑：何红艳　　　　　　　　　　　编辑部电话：(010)63560043
编辑助理：钱　鹏
封面设计：付　巍
封面制作：白　雪
责任印制：樊启鹏

出版发行：中国铁道出版社有限公司（100054，北京市西城区右安门西街 8 号）
网　　址：https://www.tdpress.com/51eds/
印　　刷：北京铭成印刷有限公司
版　　次：2017 年 1 月第 1 版　　　2024 年 7 月第 3 次印刷
开　　本：787 mm×1 092 mm　1/16　印张：13.5　字数：317 千
书　　号：ISBN 978-7-113-22556-8
定　　价：32.00 元

为提高冲压模具课程教学质量，探索以就业为导向、以职业能力为本位的行动导向教学模式指导下的项目式教学法，结合学校国家示范校、示范专业建设的需要，深圳职业技术学院教师通过反复实践、总结、提炼，开发出了这本基于工作过程的项目式教程。

本教材根据冲压模具设计初、中级岗位对职业能力的要求选取内容，全书设置了冲孔落料复合模设计、V 形支架弯曲模设计、无凸缘圆筒形钢杯拉深模设计、孔整形连续模设计四个项目。每个项目的开篇阐明了本项目的知识目标、能力目标和素养目标、知识目标关注学生发展后劲的培养，能力目标关注学生技能的形成，素养目标关注学生职业品德的养成，然后按本项目的实施过程将每个项目分解成若干个任务，每一任务均按照任务目标、任务描述、相关知识、任务实施几大部分编写。学生按顺序完成所有任务后，也就完成了相应项目的技能训练和理论学习。为方便师生检验理论学习的效果，在每一项目的最后还安排了与本项目相关的理论考核。

本书适合作为高等职业学院、高等工程专科学校的模具设计与制造、计算机辅助设计与制造、机械、机电等相关专业的教材，也可供从事冲压模具设计的工程技术人员工作时参考。建议教学时数为 45~50 学时。

全书由深圳职业技术学院匡和碧、张梅任主编。匡和碧负责全书统稿并编写了项目一、项目四，张梅编写了项目二、项目三及附录部分。

本书在编写过程中，得到了深圳职业技术学院孙卫和、郭刚、黄海、陈绚、周丽红、谢国明、郭晓霞等老师的指导，在此深表感谢。

由于时间仓促，加之编者水平有限，书中难免存在疏漏和不足之处，恳请读者批评指正，来信请寄深圳职业技术学院机电工程学院匡和碧老师收，或发邮件至 khebi@szpt.edu.cn 信箱。本书有配套电子课件，有需要者请与出版社或作者联系。

编　者
2016 年 12 月

CONTENTS | # 目 录

项目一 | 冲孔落料复合模设计

知识目标

1. 了解冲压工序的基本类型。
2. 熟悉冲裁模具设计规范。
3. 掌握冲裁模具设计方法。

能力目标

1. 熟练进行冲裁排样设计。
2. 熟练进行冲压力及压力中心计算。
3. 熟练进行冲裁凸、凹模刃口尺寸计算。
4. 熟练进行冲裁模结构设计。
5. 熟练进行冲裁模工作零件设计。
6. 熟练进行冲裁模卸料及推出装置设计。
7. 熟练进行条料定位零件设计。
8. 熟练选用模座及导向装置。
9. 熟练选用连接固定零件。

素养目标

1. 在了解冲裁模具工作原理过程中培养冲压安全意识。
2. 在冲裁产品设计过程中培养严谨工作的职业态度。
3. 在排样设计过程中培养职业道德。
4. 在模具结构设计过程中培养合作意识。
5. 在模具零部件设计过程中培养产品质量意识。

任务一　冲裁工艺分析

任务目标

(1) 了解冲压基本工序及其特点。
(2) 掌握冲裁件结构工艺设计方法。
(3) 会分析零件的冲裁工艺。

任务描述

从尺寸、结构、材料、批量四方面对图1-1所示零件的冲裁工艺进行分析。

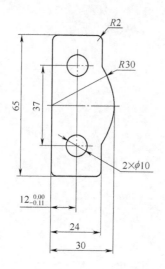

名称：止动片
生产批量：大批量
材料：45钢
材料厚度：1 mm

图1-1　止动片

相关知识

一、冲压基本概念

1. 冲压工艺

冲压是利用安装在压力机上的模具对板料施加压力使其产生分离或变形，从而获得一定形状、尺寸零件的一种压力加工方法。

冲压主要用于加工板料零件，所以也称为板料冲压。常温下进行的板料冲压称为冷冲压，冲压加工过程如图1-2所示。

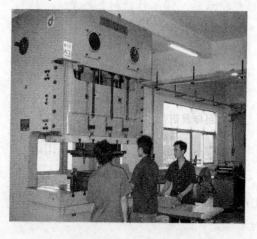

图1-2　冲压加工过程

2. 冲压工序的基本类型

虽然冲压产品形状各异,但材料的变化情况可归结为下述两种情况,即分离和变形。因此冲压工艺概括起来,可分为分离工序和变形工序两大类。

分离工序是将本来为一体的材料相互分开而成为所需要的制件。分离工序包括落料、冲孔、剖切、切边等工序。

变形工序则是使材料产生形状和尺寸的变化,成为所需要的制件。变形工序包括弯曲、拉深、压筋、抽牙、打沙拉孔等工序。

冲压的基本工序见表1-1。

表1-1　冲压的基本工序

工序性质	工序名称	工序简图	特点
分离工序	落料		将板料沿封闭轮廓分离,切下部分是工件
	冲孔		将板料沿封闭轮廓分离,切下部分是废料
	剖切		将已冲压成形的半成品切开成为两个或数个工件
	切边		将工件边缘的多余材料冲切下来
	切断		将板材切断,切断线不封闭
	切舌		在板料上将板材部分切开,切口部分发生弯曲

工序性质	工序名称	工序简图	特　点
变形工序	弯曲		将板料沿曲线弯成各种角度和形状
	拉深		将板料毛坯冲制成各种开口的空心件
	压筋		强行使局部材料参与变形,而其他部分材料不产生明显的塑性流动,从而形成低浅的凸包的一种冲压工序
	抽牙		沿内孔周围将材料翻成侧立凸起的一种冲压工序
	打沙拉孔		沙拉孔(英文名 COUNTER SINK、C. S. K 或 C'SINK)又称埋头孔。通过挤压变形使内孔部分垂直表面变形成斜面

3. 冲压加工的特点

与其他加工方法相比,在技术与经济方面冲压加工具有下列特点:

(1)冲压是一种高效率的加工方法。大型冲压件的生产率可达每分种几件,高速冲压的小件可达每分钟百件。

(2)冲压件不但能够满足使用要求,并且还具有质量轻、刚度好和外表光滑等特点。

(3)冲压生产的材料利用率高,一般可达 70%~85%。

(4)冲压加工操作简单,便于组织生产。

(5)在大批量生产的条件下,冲压件的成本较低。

(6)由于冲压所用毛坯是板料或卷料,一般又是冷态加工,所以在大量生产的情况下,较易实现机械化或自动化。

(7)模具制造周期长,费用高。因此,在小批量生产中会受到一定的限制。

(8)冲压适于批量生产,且大部分是手工操作,如果不重视安全生产和缺乏必要的防护装置,则易发生事故。因此,提高冲压操作的机械化和自动化水平,减轻劳动强度,确保安全生产,是一个很重要的课题。

4. 冲压加工的应用领域

冷冲压在工业生产中得到了广泛的应用,主要应用领域如下所述。

(1)摩托车、汽车、高铁等交通工具制造:摩托车车架、油箱,汽车的车身、底盘、油箱、散热器片,高铁车身等均是钢板冲压制品。

(2)电机电器制造:电机、电器的铁芯硅钢片等都是冲压制品。

(3)仪器仪表:仪器仪表的零部件大量使用冲压件。

(4)轻工产品、日用工业品:空调、办公器械、生活器皿等产品中,也有大量冲压件。

(5)通信等 3C 产品:计算机(Computer)、通信(Communication)和消费类电子产品(Consumer Electronics)也大量使用冲压件。

5. 冲压模具分类

冲压模具是安装在压力机上用于生产冲压件的工艺装备。为方便研究,需要对冲压模具进行分类。冲压模具的分类方法很多,根据冲压工艺性质及工序组合方式进行分类最为常见。

(1)根据工艺性质分类

①冲裁模。冲裁模是沿封闭或敞开的轮廓线使材料产生分离的冲压模具。如落料模、冲孔模、切断模、切口模、切边模、剖切模等。

②弯曲模。弯曲模是使板料沿着直线(弯曲线)产生弯曲变形,从而获得一定角度和形状工件的冲压模具。

③拉深模。拉深模是把板料制成开口空心件或使空心件进一步改变形状和尺寸的冲压模具。

④成形模。成形模是将毛坯或半成品工件按凸、凹模的形状直接压制成形而材料本身仅产生局部塑性变形的冲压模具,如压凸、压筋、抽芽模等。

(2)根据工序组合分类

①单工序模:在压力机的一次行程中只能完成一道工序的冲压模具。

②复合模:在压力机一次行程中,在同一工位上完成两道或更多道工序的冲压模具。复合模中,至少有一个工作零件具有两种功能,既是第一工序的凸模,又是第二工序的凹模,这个零件称为凸凹模。

③连续模:材料随压力机行程逐次送进下一工位,从而使工件逐步成形的冲压模具。常见的连续模有:冲孔、成形、落料连续模;冲孔、折弯、切断连续模;冲孔、拉深连续模等。

(3)各类模具关系

各类模具关系如下:

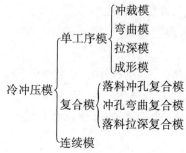

(4)不同类型模具性能比较

不同类型模具性能比较见表1-2。

表1-2 不同类型模具性能比较

性能 \ 类型	单工序模	复合模	连续模
模具结构	较简单	一般	通常较为复杂
制造成本、周期	较低、短	低、较短	较高、较长
模具制造精度	低	较高	很高
材料利用率	高	高	低
加工效率	较低	一般	高
维修(组立)便利性	方便	较方便	较困难
适合零件类型	不限制	不限制	小型、中型
工件制造精度	可做得很高	高	一般
工件质量稳定性	不太稳定	较稳定	稳定
使用安全性	差	一般	很安全
生产自动化	几乎不可能	工件简单时可能	较方便
对冲床性能要求	低	低	高

二、冲裁变形过程及特点

冲裁时,板料的分离是瞬间完成的,冲裁变形过程可细分成3个阶段,如图1-3所示。

1. 弹性变形阶段

如图1-3(a)所示,当凸模开始接触板料并下压时,板料发生弹性压缩和弯曲。板料略有挤入凹模洞口的现象。此时,以凹模刃口轮廓为界,轮廓内的板料向下弯拱,轮廓外的板料则上翘。随着凸模继续下压,板料内的应力不断增大,达到弹性极限时,弹性变形阶段结束,进入塑性变形阶段。

2. 塑性变形阶段

如图 1-3(b)所示,当板料内的应力达到屈服点,板料进入塑性变形阶段。凸模切入板料,板料被挤入凹模洞口。随着凸模的继续下压,应力不断加大,直到应力达到板料抗剪强度,塑性变形阶段结束。

3. 断裂分离阶段

如图 1-3(c)、(d)所示,当板料的应力达到材料抗剪强度后,凸模继续下压,首先在凸、凹模刃口附近产生微裂纹,微裂纹不断向板料内部扩展。当上下裂纹重合时,板料便实现了分离。凸模继续下行,已分离的材料克服摩擦阻力,从凹模中推出,完成整个冲裁过程。

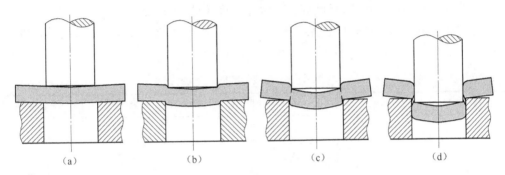

(a)　　　　　(b)　　　　　(c)　　　　　(d)

图 1-3　冲裁时板料的变形过程

4. 冲裁断面特征

在凸、凹模之间的间隙合理、模具刃口状况良好时,普通冲裁所得工件的断面特征如图 1-4 所示,冲裁件断面明显地分为 4 个特征区,即圆角带 a、光亮带 b、断裂带 c 和毛刺区 d。

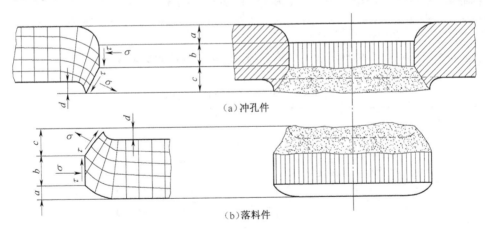

(a)冲孔件

(b)落料件

图 1-4　冲裁断面特征

(1)圆角带 a:该区域的形成是当凸模刃口压入材料时,刃口附近的材料产生弯曲和伸长变形,材料被拉入间隙的结果。

(2)光亮带 b:该区域是在塑性变形阶段形成的。当刃口切入材料时,材料与凸、凹模切刃的侧表面挤压而形成光亮垂直的断面。

（3）断裂带 c：该区域是在断裂变形阶段形成的，是由刃口附近的微裂纹在拉应力作用下不断扩展而形成的撕裂面，其断面粗糙，略带有斜度。

（4）毛刺区 d：毛刺是在出现微裂纹时形成。微裂纹产生的位置在离刃口不远的侧面上，当凸模继续下行，使已形成的毛刺拉长，并残留在冲裁件上。

三、冲裁件设计规范

1. 冲裁件的形状和尺寸

冲裁件的结构工艺性合理与否，将直接影响到冲裁件的质量、模具寿命、材料消耗和生产效率等，冲裁件结构工艺要求如下。

（1）冲裁件形状应尽可能设计成简单、对称形状，使排样时废料最少。

（2）冲裁件的外形或内孔应避免尖角连接。除无废料冲裁或模具采用镶拼结构外，其余冲裁件宜有适当的圆角。圆角半径最小值参见表 1-3。

表 1-3　冲裁件的圆角半径

连接圆角	$\alpha \geqslant 90°$	$\alpha < 90°$	连接圆角	$\alpha \geqslant 90°$	$\alpha < 90°$
简图			简图		
低碳钢	0.30t	0.50t	低碳钢	0.35t	0.60t
黄铜、铝	0.24t	0.35t	黄铜、铝	0.20t	0.45t
高碳钢、合金钢	0.45t	0.70t	高碳钢、合金钢	0.50t	0.90t

注：t 为材料厚度，当 $t<1$ mm 时，均以 $t=1$ mm 计算。

（3）冲裁件凸出臂和凹槽的宽度不宜过小，宽度最小数值参见表 1-4。

表 1-4　冲裁件凸出臂和凹槽的宽度

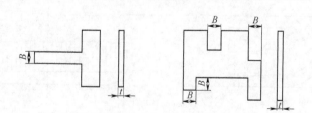

材　　料	宽度 B
硬钢（$\sigma_b = 400 \sim 700$ MPa）	$(1.5 \sim 2.0)t$
软钢（$\sigma_b < 400$ MPa）	$(1.0 \sim 2.0)t$
铝、锌	$(0.8 \sim 0.9)t$

注：t 为材料厚度，当 $t<1$ mm 时，均以 $t=1$ mm 计算。

（4）冲孔时，孔径不宜过小，孔尺寸最小值见表1-5，表1-6。

表1-5　自由凸模冲孔的最小尺寸

材料 （厚度为 t）	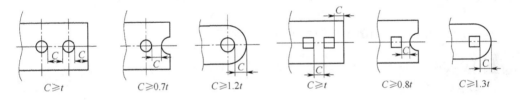			
硬钢（$\sigma_b = 400 \sim 700 \text{ MPa}$） 软钢（$\sigma_b < 400 \text{ MPa}$） 黄铜、铜 铝、锌	$d \geqslant 1.3t$ $d \geqslant 1.0t$ $d \geqslant 0.9t$ $d \geqslant 0.6t$	$a \geqslant 1.2t$ $a \geqslant 0.9t$ $a \geqslant 0.8t$ $a \geqslant 0.5t$	$a \geqslant 0.9t$ $a \geqslant 0.7t$ $a \geqslant 0.6t$ $a \geqslant 0.3t$	$a \geqslant 1.0t$ $a \geqslant 0.8t$ $a \geqslant 0.7t$ $a \geqslant 0.4t$

注：t 为材料厚度，一般要求 $d \geqslant 0.3$ mm。

表1-6　带导向凸模冲孔的最小尺寸

材料 尺寸	硬钢	软钢及黄铜	铝、锌
圆形孔 d	$d \geqslant 0.5t$	$d \geqslant 0.35t$	$d \geqslant 0.3t$
矩形孔短边 a	$a \geqslant 0.4t$	$a \geqslant 0.3t$	$a \geqslant 0.28t$

注：t 为材料厚度，一般要求 $d \geqslant 0.3$ mm。

（5）孔与孔之间，孔与边缘之间的距离不应过小，孔间距、孔边距如图1-5所示。

$C \geqslant t$	$C \geqslant 0.7t$	$C \geqslant 1.2t$	$C \geqslant t$	$C \geqslant 0.8t$	$C \geqslant 1.3t$

图1-5　孔间距、孔边距

2. 冲裁件精度

冲裁件的内外形经济精度不高于IT11级。一般要求落料件精度最好低于IT10级，冲孔件最好低于IT9级。

凡产品图纸上未注公差的尺寸，在计算凸模与凹模刃口尺寸时，按IT14级确定。

任务实施

图1-1所示零件的冲裁工艺性分析过程如下。

1. 结构形式、尺寸大小

零件结构简单，并在转角处有 $R2$ 圆角过渡，内外形符合冲裁件结构设计规范；零件最大尺寸为65 mm，属小型冲件。

2. 尺寸精度

孔边距尺寸 $12_{-0.11}^{0}$ mm 的公差属于IT11级，其余未注公差的尺寸，按IT14级确定公差。

经查附录表-6标准公差数值（GB/T 1800.2—2009），确定零件外形及内孔的尺寸公差如下：

①零件外形，$65_{-0.74}^{0}$ mm，$24_{-0.52}^{0}$ mm，$30_{-0.52}^{0}$ mm；

②零件内孔:$\phi 10^{+0.36}_{0}$ mm;

③孔心距:(37 ± 0.31) mm。

3. 材料性能

零件材料为45钢,是优质碳素钢,查附录表-1确定其抗剪强度为 $\tau = 432\sim 549$ MPa,具有较好的冲压性能,可满足冲压工艺要求。

4. 冲压加工的经济性分析

该产品属于大批量生产,采用冲裁模进行冲压生产,不但能保证产品的质量,满足生产率要求,还能降低生产成本。

综上所述,该产品具有良好的冲裁工艺性。

任务二 排 样 设 计

任务目标

(1)了解排样设计的目的。

(2)掌握排样设计方法。

(3)会设计冲裁工艺排样图。

任务描述

采用复合冲裁时,绘制图1-1所示零件的冲裁排样图。

相关知识

1. 排样的基本概念

条料是冲裁中最常用的坯料,冲裁件在条料上的布置方法称为排样。排样的主要目的是提高材料利用率,降低成本;同时要保证冲件质量;还要注意简化模具结构、保证模具强度。

2. 排样的形式

排样的形式决定了材料使用率。

设计时可根据产品形状参考表1-7,选择适当的排样形式。

表1-7 排样形式

排样形式	有废料排样	少废料及无废料排样	适用产品形状
直排			几何形状简单的制件(如圆形、矩形等)
斜排			L形或其他复杂外形制件,这些制件直排时废料较多

排样形式	有废料排样	少废料及无废料排样	适用产品形状
对排			T、U、E 形制件,这些制件直排或斜排时废料较多
混合排样			材料及厚度均相同的不同制件,适于大批量生产
多排			大批量生产中轮廓尺寸较小的制件
冲裁搭边			大批量生产中小而窄的制件

3. 搭边值

排样时冲裁件与冲裁件之间以及冲裁件与条料侧边之间留下的工艺余料称为搭边。搭边过大,浪费材料;搭边过小,起不到搭边作用。过小的搭边还可能被拉入凸、凹模之间的缝隙中,破坏模具刃口。

设计时可参考表 1-8 确定板料冲裁时的合理搭边值。

表 1-8　冲裁金属材料的搭边值　　　　　　　　　　　　　单位:mm

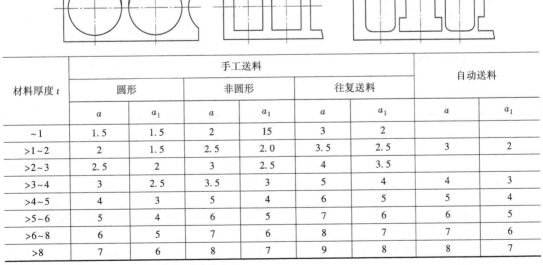

材料厚度 t	手工送料						自动送料	
	圆形		非圆形		往复送料			
	a	a_1	a	a_1	a	a_1	a	a_1
~1	1.5	1.5	2	15	3	2		
>1~2	2	1.5	2.5	2.0	3.5	2.5	3	2
>2~3	2.5	2	3	2.5	4	3.5		
>3~4	3	2.5	3.5	3	5	4	4	3
>4~5	4	3	4	4	6	5	5	4
>5~6	5	4	6	5	7	6	6	5
>6~8	6	5	7	6	8	7	7	6
>8	7	6	8	7	9	8	8	7

注:非金属材料(皮革,纸板,石棉等)搭边值应乘 1.5~2。

4. 送料步距、条料宽度、材料利用率

(1)送料步距 S

条料在模具上每次送进的距离称为送料步距(简称步距或进距)。每个步距可以冲出一个制件,也可以冲出几个制件。

每次只冲一个制件,步距 S 的计算公式为:

$$S = L + a_1 \tag{1-1}$$

式中: a_1——冲裁件之间的搭边值;

L——冲裁件沿送进方向的最大轮廓尺寸。

(2)条料宽度 B

条料是由板料(或带料)剪裁下料而得,为保证送料顺利,规定条料宽度 B 的上偏差为零,下偏差为负值($-\Delta$)。条料宽度计算方法如下:

①模具的导料板之间有侧压装置时[见图1-6(a)],条料宽度按式(1-2)计算:

$$B = (D + 2a)_{-\Delta}^{0} \tag{1-2}$$

式中: D——冲裁件垂直于送料方向的最大尺寸;

a——冲裁件与条料侧边之间的搭边;

Δ——条料宽度下偏差(见表1-9)。

②模具的导料板之间无侧压装置时[见图1-6(b)],条料宽度按式(1-3)计算:

$$B = (D + 2a + b)_{-\Delta}^{0} \tag{1-3}$$

式中: b——条料与导料板之间的间隙(见表1-10)。

③采用同侧导料销定位时[见图1-6(c)],条料宽度按式(1-4)计算:

$$B = D + 2a \tag{1-4}$$

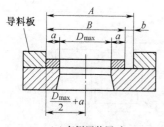

(a)有侧压装置时

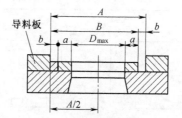

(b)无侧压装置时

(c)同侧导料销定位

图1-6 条料宽度的确定

表1-9 普通剪床下料时条料宽度偏差 单位:mm

条料宽度 B	材料厚度 t			
	~1	1~2	2~3	3~5
~50	0.4	0.5	0.7	0.9
50~100	0.5	0.6	0.8	1.0
100~150	0.6	0.7	0.9	1.1
150~220	0.7	0.8	1.0	1.2
220~300	0.8	0.9	1.1	1.3

表 1-10　条料与导料板之间的单面间隙 b　　　　　　　　单位:mm

条料宽度	板料厚度 t			
	≤1	>1~2	>2~3	>3~5
≤50	0.1	0.2	0.4	0.6
>50~100	0.1	0.2	0.4	0.6
>100~150	0.2	0.3	0.5	0.7
>150~220	0.2	0.3	0.5	0.7
>220~300	0.3	0.4	0.6	0.8

（3）材料利用率 η

如图 1-7 所示,一般情况下,冲裁既存在工艺废料,也存在结构废料。一个步距内的材料利用率可按式(1-5)计算:

$$\eta = \frac{A}{BS} \times 100\% \qquad (1-5)$$

式中: A ——冲裁件实际面积;

　　B ——条料宽度;

　　S ——送料步距。

整张条料的材料利用率可按式(1-6)计算:

$$\eta_{总} = \frac{nA}{BL} \times 100\% \qquad (1-6)$$

式中: n ——条料上实际冲裁的零件数;

　　A ——冲裁件实际面积;

　　B ——条料宽度;

　　L ——条料长度。

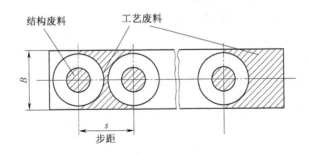

图 1-7　结构与工艺废料

5. 排样图

排样图应反映出条料宽度及公差、送料步距及搭边 a 和 a_1 值、冲压的类型,并习惯以剖面线表示冲压位置、冲裁时各工步先后顺序与位置,以及条料(带料)的轧制方向。图1-8所示为垫圈采用连续冲压时的排样图。

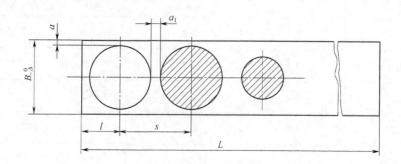

图1-8 排样图

✋ 任务实施

对图1-1所示零件进行排样设计的过程如下。

1. 冲压工艺方案的确定

零件包括冲孔、落料两道冲压工序,可采用以下几个方案。

方案一(单工序模):分两道工序进行,先落料,后冲孔,可采用两副单工序模具生产。

方案二(复合模):将冲孔、落料两道冲压工序在一副模具中一次完成,进行落料-冲孔复合冲压,采用落料冲孔复合模具来生产。

方案三(连续模):将冲孔、落料两道冲压工序采用一副模具依次完成,进行冲孔-落料连续冲压,采用连续模具来生产。

方案一模具结构简单,但需要两副模具,生产率较低,精度低,难以满足该零件的年产量及精度要求。方案二只需要一副模具,冲压件形位精度和尺寸精度容易保证,且生产率高。方案三只需要一副模具,生产率也高,适合生产精度要求不高的工件。由于本例零件孔边距尺寸$12_{-0.11}^{0}$mm有公差要求,为了更好地保证尺寸精度,确定采用方案二。

2. 排样设计

根据零件材料类型、厚度和形状查表1-8可确定零件之间的搭边值$a_1 = 2.0$ mm;零件与条料侧边之间的搭边值$a = 2.5$ mm。

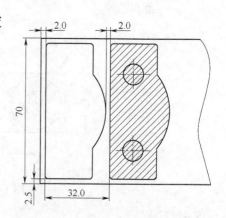

送料步距:$S = L + a_1 = 30 + 2.0 = 32(\text{mm})$

采用同侧导料销定位,条料宽度:$B = D + 2a = 65 + 2 \times 2.5 = 70(\text{mm})$

一个步距内的材料利用率:$\eta = \dfrac{A}{BS} \times 100\% = $

$\dfrac{1550}{70 \times 32} \times 100\% = 69.2\%$

采用复合冲裁时,排样图如图1-9所示。

图1-9 排样图

任务三　冲压力计算及压力机选择

任务目标

(1)了解曲柄压力机的结构及工作原理。

(2)掌握冲压力及压力中心计算的方法。

(3)会计算冲压力及压力中心,会选用压力机型号。

任务描述

根据排样结果,计算总冲压力、压力中心、选择压力机型号。

相关知识

一、冲压力的计算

冲压力是选择校核模具强度的重要参数,同时也是选择校核压力机的依据。

1. 冲裁力计算方法

冲裁力是在冲裁过程中凸模对板料施加的压力,它是随凸模进入材料的深度(凸模行程)而变化的。通常所说的冲裁力是指作用于凸模上的最大抗力,冲裁力可按式(1-7)计算:

$$F = 1.3Lt\tau \tag{1-7}$$

式中: F ——冲裁力;

L ——冲裁件受剪切周边长度(mm);

t ——冲裁件的料厚(mm);

τ ——材料抗剪强度(MPa), τ 值可查附录表-1。

在一般情况下,材料 $\sigma_b \approx 1.2\tau$ 。为计算方便,冲裁力也可用式(1-8)计算:

$$F = Lt\sigma_b \tag{1-8}$$

式中: σ_b ——材料的抗拉强度, σ_b 值亦可查附录表-1。

2. 卸料力、推件力、顶件力计算方法

冲裁时材料在分离前存在着弹性变形,一般情况下,冲裁后的弹性恢复使落料件或冲孔废料卡在凹模内,而坯料或冲孔件则紧箍在凸模上。为了使冲裁工作继续进行,必须及时将箍在凸模上的坯料或冲孔件卸下,将卡在凹模内的落料件或冲孔废料向下推出或向上顶出。从凸模上卸下坯料或冲孔件所需的力称为卸料力 F_X ;从凹模内向下推出落料件或废料所需的力称为推件力 F_T ;从凹模内向上顶出落料件或冲孔废料所需的力称为顶件力 F_D ,如图1-10所示。

在生产实践中, F_X 、 F_T 和 F_D 常用以下经验公式计算:

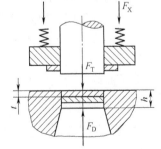

图1-10　卸料力、推件力、顶件力

$$F_X = K_X \cdot F \tag{1-9}$$

$$F_T = nK_T \cdot F \tag{1-10}$$

$$F_D = K_D \cdot F \tag{1-11}$$

式中：F——冲裁力；

K_X——卸料力系数；

K_T——推件力系数；

K_D——顶件力系数；

n——同时卡在凹模内的冲件数 $n = h/t$，其中 h 为凹模直壁刃口的高度，t 为料厚。

当采用锥形刃口时，因无落料件卡在刃口内，故可不计推件力。

K_X、K_T、K_D 可分别由表 1-11 查取。当冲裁件形状复杂、冲裁间隙较小、润滑较差、材料强度高时，应取较大值；反之则应取较小值。

表 1-11　卸料力、推件力和顶件力系数

材料种类及厚度/mm		K_X	K_T	K_D
钢	≤0.1	0.065~0.070	0.1	0.14
	>0.1~0.5	0.045~0.055	0.063	0.08
	>0.5~2.5	0.02~0.06	0.055	0.06
	>2.5~6.5	0.03~0.04	0.045	0.05
	>6.5	0.02~0.03	0.025	0.03
铝及铝合金		0.025~0.08	0.03~0.07	
紫铜、黄铜		0.02~0.06	0.03~0.09	

3. 总冲压力计算方法

采用刚性卸料装置和下出料方式的总冲压力为：

$$F_Z = F + F_T \tag{1-12}$$

采用弹性卸料装置和下出料方式的总冲压力为：

$$F_Z = F + F_X + F_T \tag{1-13}$$

采用弹性卸料装置和上出料方式的总冲压力为：

$$F_Z = F + F_X + F_D \tag{1-14}$$

4. 模具压力中心的确定方法

模具的压力中心就是总的冲压力的作用点。为保证压力机和模具的正常工作，应使模具的压力中心与压力机滑块的中心相重合。

(1)简单几何图形压力中心的位置

①对称冲件的压力中心，位于冲件轮廓图形的几何中心上。

②冲裁直线段时，其压力中心位于直线段的中心。

③冲裁如图 1-11 所示的圆弧线段时，其压力中心的位置，按式(1-15)计算：

$$y = 180R\sin \alpha / \pi\alpha = Rs/b \tag{1-15}$$

式(1-15)中的 α 以度计。

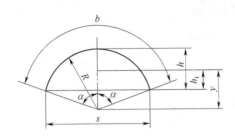

图 1-11　圆弧线段压力中心

（2）复杂形状零件模具压力中心

如图 1-12 所示，复杂形状零件模具压力中心的计算步骤如下：

①在适当位置画出坐标轴 x, y。

②将组成图形的轮廓划分为若干段，求出各段长度 L_1、L_2、L_3、$\cdots$、L_n。

③确定各段重心坐标 x_1、x_2、x_3、$\cdots$、x_n 和 y_1、y_2、y_3、$\cdots$、y_n。

④按式（1-16），式（1-17）计算出模具压力中心坐标 (x_0, y_0)。

$$x_0 = \frac{L_1 x_1 + L_2 x_2 + \cdots + L_n x_n}{L_1 + L_2 + \cdots + L_n} = \frac{\sum\limits_{i=1}^{n} L_i x_i}{\sum\limits_{i=1}^{n} L_i} \qquad (1-16)$$

$$y_0 = \frac{L_1 y_1 + L_2 y_2 + \cdots + L_n y_n}{L_1 + L_2 + \cdots + L_n} = \frac{\sum\limits_{i=1}^{n} L_i y_i}{\sum\limits_{i=1}^{n} L_i} \qquad (1-17)$$

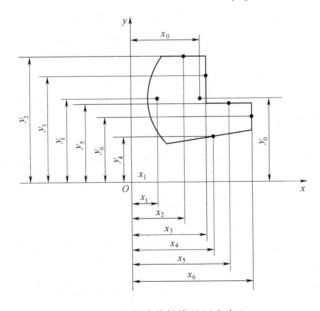

图 1-12　复杂冲裁件模具压力中心

二、曲柄压力机的选用规范

1. 曲柄压力机的结构及工作原理

图 1-13 是冷冲压行业中广泛使用的曲柄压力机结构简图,图 1-14 是曲柄压力机传动系统原理图。

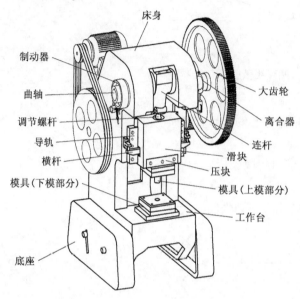

图 1-13　可倾式曲柄压力机的结构简图

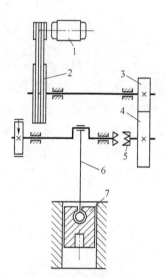

图 1-14　传动系统原理图
1—电动机;2—带轮;3、4—齿轮;
5—离合器;6—连杆;7—滑块

曲柄压力机主要由床身、传动系统、制动系统和上模紧固装置组成。床身是压力机的支架,是其他零部件的安装基础。传动系统将电动机的转动变成滑块的往复运动。运动的传递路线是:电动机→小带轮→传动带→大带轮→传动轴→小齿轮→大齿轮→离合器→曲轴→连杆→滑块→上模。

制动系统可确保离合器脱开时,滑块比较准确地停止在曲轴转动的上死点位置。

上模紧固装置将模具的上模部分固定在滑块上,由压块、紧固螺钉等组成。

2. 曲柄压力机的选用方法

选用压力机时,必须考虑下列主要技术参数。

(1)公称压力:为保证有足够的冲压力,冲裁时压力机的公称压力应比计算的总冲压力大 30% 左右。

(2)行程长度:行程长度应大于工件高(或料厚)5~10 mm。

(3)行程次数:行程次数应根据生产率来考虑。

(4)工作台面尺寸:工作台面长、宽尺寸应大于模具下模座尺寸,并每边留出 60~100 mm,以便固定模座。

(5)滑块模柄孔尺寸:模柄孔尺寸要与模柄直径相适应,模柄孔深度应大于模柄长度约 15 mm。

（6）压力机闭合高度：如图 1-15 所示，压力机闭合高度应满足式（1-18）：

$$H_{\min} - H_1 + 10 \text{ mm} \leq H \leq H_{\max} - H_1 - 15 \text{ mm} \tag{1-18}$$

式中：H——模具闭合高度，它是指模具上模座的上平面与下模座的下平面之间的距离；

$H_{\min}$——压力机的最小闭合高度；

$H_{\max}$——压力机的最大闭合高度；

H_1——垫板厚度。

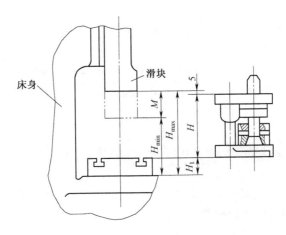

图 1-15 模具闭合高度与装模高度的关系

任务实施

总冲压力、压力中心计算，压力机型号初选过程如下。

1. 冲压力计算

此例中零件的落料周长 L 采用 AutoCAD 查询功能可知：$L \approx 177$ mm；材料厚度 $t = 1$ mm；抗剪强度 $\tau = 450$ MPa（查附录表-1，45 钢的抗剪强度 $\tau = 432 \sim 549$ MPa）则：

落料力：$F_1 = 1.3 L t \tau = 1.3 \times 177 \times 1 \times 450 = 103\ 545 \text{（N）}$

冲孔力：$F_2 = 1.3 L t \tau = 1.3 \times 2 \times (\pi \times 10) \times 1 \times 450 = 36\ 738 \text{（N）（2 个孔）}$

卸料力：$F_X = K_X F_1 = 0.03 \times 103\ 545 \approx 3\ 106 \text{（N）}$（查表 1-11，取 $K_X = 0.03$）

推件力：$F_T = n K_T F_2 = \dfrac{5}{1} \times 0.055 \times 36\ 738 \approx 10\ 103 \text{（N）}$（查表 1-11，取 $K_T = 0.055$，假设冲孔凹模刃壁高 5 mm）。

总冲压力：

$$F = F_1 + F_2 + F_X + F_T$$
$$= 103\ 543 + 36\ 738 + 3\ 106 + 10\ 103$$
$$= 153\ 490 \text{（N）} \approx 154 \text{（kN）}$$

2. 压力中心计算

选择 X、Y 轴如图 1-16 所示，忽略 $4 \times R2$ 圆角，列表计算工件各线段长度及各自压力中心的坐标如表 1-12 所示。

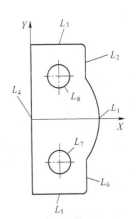

图 1-16 压力中心图

表 1-12　长度及压力中心坐标

段　　号		L_1	L_2	L_3	L_4	L_5	L_6	L_7	L_8
长度/mm		38.61	14.5	24	65	24	14.5	31.42	31.42
压力中心坐标	X	27.97	24	12	0	12	24	12	12
	Y	0	25.25	32.5	0	-32.5	-25.25	-13.5	13.5

由于工件对称于 Y 轴,因此,模具的压力中心位于 X 轴上,只需根据式(1-16)计算模具压力中心的 X 坐标:

$$x_0 = \frac{L_1 x_1 + L_2 x_2 + \cdots + L_n x_n}{L_1 + L_2 + \cdots + L_n}$$

$$= \frac{38.61 \times 27.97 + 14.5 \times 24 + 24 \times 12 + 65 \times 0 + 24 \times 12 + 14.5 \times 24 + 31.42 \times 12 + 31.42 \times 12}{38.61 + 14.5 + 24 + 65 + 24 + 14.5 + 31.42 + 31.42}$$

$$= \frac{3\ 106}{243.45} \approx 13.0 (\text{mm})$$

因此,模具压力中心坐标为(13.0,0)。

3. 压力机初选

根据压力机的公称压力应比计算的总冲压力大 30% 左右的规定,查附录表-9,初步选用 J23-25 开式可倾台压力机,压力机参数为:

公称压力:250 kN;

滑块行程:65 mm;

最大闭合高度:270 mm;

装模高度调节量:50 mm;

工作台尺寸(前后×左右):560 mm×370 mm;

模柄孔尺寸(直径×深度):ϕ40 mm×60 mm。

任务四　凸、凹模刃口尺寸计算

任务目标

(1)了解冲裁模凸、凹模刃口尺寸计算原则。

(2)掌握凸、凹模刃口尺寸计算方法。

(3)会计算冲裁模凸、凹模刃口尺寸。

任务描述

试计算图 1-1 所示冲裁零件的凸、凹模刃口尺寸。

相关知识

一、冲裁间隙

如图 1-17 所示,冲裁间隙是指冲裁模的凸模和凹模刃口之间的尺寸之差,单边间隙用

$Z/2$ 表示,双边间隙用 Z 表示。

冲裁模双边间隙为

$$Z = D_d - D_P \tag{1-19}$$

式中：D_P —— 冲裁模凸模刃口尺寸,(mm)；

　　　D_d —— 冲裁模凹模刃口尺寸,(mm)。

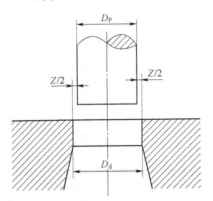

图 1-17　冲裁间隙

　　考虑到模具制造中的偏差以及使用中的磨损,生产中通常是选择一个适当的范围作为合理间隙,所谓合理间隙,就是指采用这一间隙进行冲裁时,能够得到令人满意的工件断面质量、较高的尺寸精度、较小的冲裁力(卸料力和推件力),使模具有较长的使用寿命。

　　这个范围的最小值称为最小合理间隙,最大值称为最大合理间隙。由于模具在使用过程中会逐步磨损,设计和制造新模具时应采用最小合理间隙。

　　生产实际中,根据材料种类及厚度查表 1-13 确定合理冲裁间隙。

表 1-13　冲裁模初始双面间隙值 Z

材料名称	45 T7、T8(退火) 65Mn(退火) 磷青铜(硬) 铍青铜(硬)		10、15、20、30 钢 硅钢片 H62、H65(硬) LY12(硬铝)		Q215、Q225 钢 08、10、15 钢 纯铜(硬) 磷青铜、铍青铜(软) H62、H68(半硬)		H62、H68(软) 纯铜(软) LF21,LF2 软铝 铝 LY12(退火) 铜母线、铝母线	
力学性能 σ_b	≥600 MPa		>400~600 MPa		>300~400 MPa		≤300 MPa	
板料厚度 t/mm	初始间隙 Z/mm							
	Z_{min}	Z_{max}	Z_{min}	Z_{max}	Z_{min}	Z_{max}	Z_{min}	Z_{max}
0.2	0.025	0.045	0.015	0.035	0.01	0.03	*	—
0.5	0.08	0.1	0.06	0.08	0.04	0.06	0.025	0.045
0.8	0.13	0.16	0.10	0.13	0.07	0.10	0.045	0.075
1.0	0.17	0.20	0.13	0.16	0.10	0.13	0.065	0.095
1.2	0.21	0.24	0.16	0.19	0.13	0.16	0.075	0.105
1.5	0.27	0.31	0.21	0.25	0.15	0.19	0.10	0.14
1.8	0.34	0.38	0.27	0.31	0.20	0.24	0.13	0.17

板料厚度 t/mm	初始间隙 Z/mm							
	Z_{min}	Z_{max}	Z_{min}	Z_{max}	Z_{min}	Z_{max}	Z_{min}	Z_{max}
2.0	0.38	0.42	0.30	0.34	0.22	0.26	0.14	0.18
2.5	0.49	0.55	0.39	0.45	0.29	0.35	0.18	0.24
3.0	0.62	0.68	0.49	0.55	0.36	0.42	0.23	0.29
3.5	0.73	0.81	0.58	0.66	0.43	0.51	0.27	0.35
4.0	0.86	0.94	0.68	0.76	0.50	0.58	0.32	0.40
4.5	1.00	1.08	0.78	0.86	0.58	0.66	0.37	0.45
5.0	1.13	1.23	0.9	1.00	0.65	0.75	0.42	0.52
6.0	1.40	1.50	1.10	1.20	0.82	0.92	0.53	0.63
8.0	2.00	2.12	1.60	1.72	1.17	1.29	0.76	0.88

注:1. Z_{min} 应视为公称间隙。

   2. 有 * 处均系无间隙。

二、凸、凹刃口尺寸计算方法

1. 凸、凹刃口尺寸计算原则

(1)先确定基准件

落料:以凹模为基准,间隙取在凸模上;冲孔:以凸模为基准,间隙取在凹模上。

(2)考虑冲模的磨损规律

落料模:凹模基本尺寸应取接近工件的最小极限尺寸;冲孔模:凸模基本尺寸应取接近工件的最大极限尺寸。

(3)凸、凹模刃口制造公差应合理

冲裁模精度一般较冲裁件精度高 2~3 级。也可按以下原则确定凸、凹模刃口制造公差:形状简单的刃口制造偏差查表 1-14 选取;形状复杂的刃口制造偏差取冲裁件相应部位公差的 1/4;对刃口尺寸磨损后无变化的制造偏差取制件相应部位公差的 1/8 并冠以"±"。

(4)冲裁间隙采用最小合理间隙值(Z_{min})

这样可保证在凸凹模磨损到一定程度情况下,仍能冲出合格制件。

(5)尺寸偏差应按"入体"原则标注

落料件上偏差为零,下偏差为负;冲孔件上偏差为正,下偏差为零。

2. 凸、凹模刃口尺寸计算方法

(1)分别加工法

分别加工法即根据冲裁零件尺寸和凸、凹模的最小间隙值分别计算出凸模和凹模的尺寸,然后按计算出的尺寸分别加工出凸、凹模,即可保证合理间隙。分别加工法适用于形状简单(如圆形,矩形)的凸、凹模刃口尺寸的计算,可按式(1-20)~(1-27)计算凸、凹模刃口尺寸。

① 落料。

凹模刃口尺寸：$\qquad D_d = (D_{max} - x\Delta)^{+\delta_d}_{\ 0}$ $\qquad\qquad$ (1-20)

凸模刃口尺寸：$\quad D_p = (D_d - Z_{min})^{\ 0}_{-\delta_p} = (D_{max} - x\Delta - Z_{min})^{\ 0}_{-\delta_p}$ $\qquad$ (1-21)

②冲孔。

凸模刃口尺寸：$\qquad d_p = (d_{min} + x\Delta)^{\ 0}_{-\delta_p}$ $\qquad\qquad$ (1-22)

凹模刃口尺寸：$\quad d_d = (d_p + Z_{min})^{+\delta_d}_{\ 0} = (d_{min} + x\Delta + Z_{min})^{+\delta_d}_{\ 0}$ $\qquad$ (1-23)

③孔心距。$\qquad\qquad\qquad L_d = L \pm \Delta/8$ $\qquad\qquad\qquad$ (1-24)

④冲模的制造公差与冲裁间隙之间应满足：

$$\delta_d + \delta_p \leqslant Z_{max} - Z_{min} \qquad (1-25)$$

或取：$\qquad\begin{cases} \delta_d = 0.6(Z_{max} - Z_{min}) & (1-26) \\ \delta_p = 0.4(Z_{max} - Z_{min}) & (1-27) \end{cases}$

式中：D_d ——落料凹模基本尺寸(mm)；

$\quad D_p$ ——落料凸模基本尺寸(mm)；

$\quad D_{max}$ ——落料件最大极限尺寸(mm)；

$\quad d_d$ ——冲孔凹模基本尺寸(mm)；

$\quad d_p$ ——冲孔凸模基本尺寸(mm)；

$\quad d_{min}$ ——孔的最小极限尺寸(mm)；

$\quad L_d$ ——凹模孔心距基本尺寸(mm)；

$\quad L$ ——工件孔心距基本尺寸(mm)；

$\quad \Delta$ ——工件公差(mm)；

$\quad Z_{min}$ ——凸模、凹模最小初始双面间隙(mm)；

$\quad \delta_p、\delta_d$ ——凸模、凹模的制造偏差(mm)；

$\quad \chi = 0.5$ ——磨损系数，与工件制造精度有关，按下列规定取值，工件公差等级为IT1~IT10 时，取 $\chi = 1$；制件公差等级为IT11~IT13 时，取 $\chi = 0.75$；工件公差等级为IT14 或以下时，取 $\chi = 0.5$。

表 1-14 规则形状(圆形、方形件)冲裁模凸、凹模制造公差 $\qquad\qquad$ 单位：mm

基本尺寸	δ_p	δ_d	基本尺寸	δ_p	δ_d
≤18	0.020	0.020	>180~260	0.030	0.045
>18~30	0.020	0.025	>260~360	0.035	0.050
>30~80	0.020	0.030	>360~500	0.040	0.060
>80~120	0.025	0.035	>500	0.050	0.070
>120~180	0.030	0.040			

(2)配作法

配作法适用于形状复杂的凸、凹模刃口尺寸计算，先按工件尺寸和公差计算并制造出凹模或凸模中的一个(基准件)，然后以此为基准再按最小合理间隙配作另一件。因此，配作法只需计算基准件(冲孔时为凸模，落料时为凹模)基本尺寸及公差，另一件不需标注尺寸，仅注明"相应尺寸按凸模(或凹模)配作，保证双面间隙在 $Z_{min} \sim Z_{max}$ 之间"即可。

应用配作法时需先分析凸、凹模刃口尺寸经磨损后的变化规律,然后可按式(1-28) ~ 式(1-30)计算凸、凹模刃口尺寸。

①磨损后变大的尺寸。

图 1-18 中所示的 a_{p1},a_{p2};图 1-19 中所示的 A_{d1},A_{d2},A_{d3},采用分开加工时的落料凹模尺寸计算公式:

$$A_j = (A_{max} - \chi\Delta)^{+\frac{1}{4}\Delta}_0 \qquad (1-28)$$

②磨损后变小的尺寸。

图 1-18 中所示的 b_{p1},b_{p2},b_{p3};图 1-19 中所示的 B_{d1};B_{d2},采用分开加工时的冲孔凸模尺寸计算公式:

$$B_j = (B_{min} + \chi\Delta)^0_{-\frac{1}{4}\Delta} \qquad (1-29)$$

③磨损后不变的尺寸。

图 1-18 中所示的 c_{p1},c_{p2};图 1-19 中所示的 C_{d1},C_{d2},采用分开加工时的孔心距尺寸计算公式:

$$C_j = (C_{min} + \frac{1}{2}\Delta) \pm \frac{1}{8}\Delta \qquad (1-30)$$

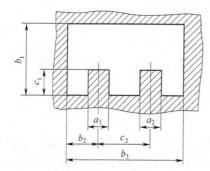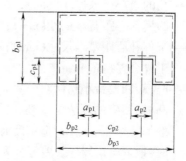

图 1-18 孔及冲孔凸模磨损情况

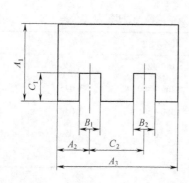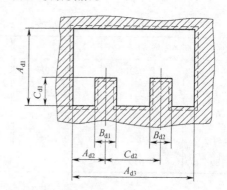

图 1-19 落料件及落料凹模磨损情况

✂ **任务实施**

按配作法计算凸、凹模刃口尺寸。

落料部分以落料凹模为基准计算,落料凸模按间隙值配制;冲孔部分以冲孔凸模为基准计算,冲孔凹模按间隙值配制;以落料凹模、冲孔凸模为基准,凸凹模按间隙值配制。

根据材料种类和厚度查表 1-13 可确定 $Z_{\min}=0.17$, $Z_{\max}=0.20$,刃口尺寸计算结果见表 1-15。

表 1-15　模具刃口尺寸计算表

制件基本尺寸及分类		磨损系数	模具刃口尺寸计算公式	制造公差	模具刃口尺寸计算结果	
落料凹模	$65_{-0.74}^{0}$	工件精度为IT14,因此,取$\chi=0.5$	$D_{d}=(D_{\max}-\chi\Delta)_{0}^{+\frac{1}{4}\Delta}$	$\frac{\Delta}{4}$	$D_{d}=64.63_{0}^{+0.185}$	相应凸模尺寸按凹模尺寸配作,保证双面间隙在 0.17~0.20 mm 之间
	$24_{-0.52}^{0}$				$D_{d}=23.74_{0}^{+0.13}$	
	$30_{-0.52}^{0}$				$D_{d}=29.74_{0}^{+0.13}$	
	$R30_{-0.52}^{0}$				$R_{d}=29.74_{0}^{+0.13}$	
	$R2_{-0.25}^{0}$				$R_{d}=1.875_{0}^{+0.063}$	
冲孔凸模	$10_{0}^{+0.36}$		$d_{p}=(d_{\min}+\chi\Delta)_{-\frac{1}{4}\Delta}^{0}$		$d_{p}=10.18_{-0.09}^{0}$	相应凹模尺寸按凸模尺寸配作,保证双面间隙在 0.17~0.20 mm 之间
孔边距	$12_{-0.11}^{0}$	工件精度为IT11,因此,取$\chi=0.75$	落料凹模边到中心距离:$B_{j}=(B_{\max}-\chi\Delta)_{0}^{+\frac{1}{4}\Delta}$		$L_{d}=11.92_{0}^{+0.028}$	凸凹模边到中心距离按落料凹模尺寸配作,保证双面间隙在 0.17~0.20 mm 之间
孔心距	37 ± 0.31		$L_{d}=(L_{\min}+0.5\Delta)$	$\frac{\Delta}{8}$	$L_{d}=37\pm0.078$	

任务五　冲裁模结构设计

任务目标

(1)了解冲裁模的类型、结构、特点。

(2)掌握倒装式复合冲裁模结构设计方法。

(3)会设计倒装式复合冲裁模的结构。

任务描述

设计图 1-1 所示零件倒装式复合冲裁模结构。

相关知识

一、单工序冲裁模的典型结构

单工序冲裁模只有一个工位,在压力机的一次行程中,只能完成一道冲裁工序。这种模具结构简单,成本低,但生产效率低。

1. 单工序落料模的典型结构

（1）刚性卸料落料模

刚性卸料落料模的典型
结构如图 1-20 所示,压入式
模柄 9 装入上模座 7 并以止
转销 10 防转。

冲压之前,条料沿着两个
导料板（导尺）15 送进。前方
由固定挡料销 3 限位。冲裁
时,凸模 12 切入材料进行冲
裁。冲下来的工件从凹模 2
漏下。上模回升时,依靠刚性
卸料板 4 将条料从凸模卸下。
第二次及后续各次送料依然
由挡料销 3 定位,送进时须将
条料抬起。

凸模 12 通过凸模固定板
5、螺钉 11 及销钉与上模座 7
相连并紧固定位,凸模背面垫
上垫板 6;刚性卸料板 4、导料
板 15 与凹模 2 通过螺钉固定
在下模座上。

刚性卸料落料模一般用
于冲裁板料较厚（厚度大于
0.5 mm）、平直度要求不高的
冲裁件。

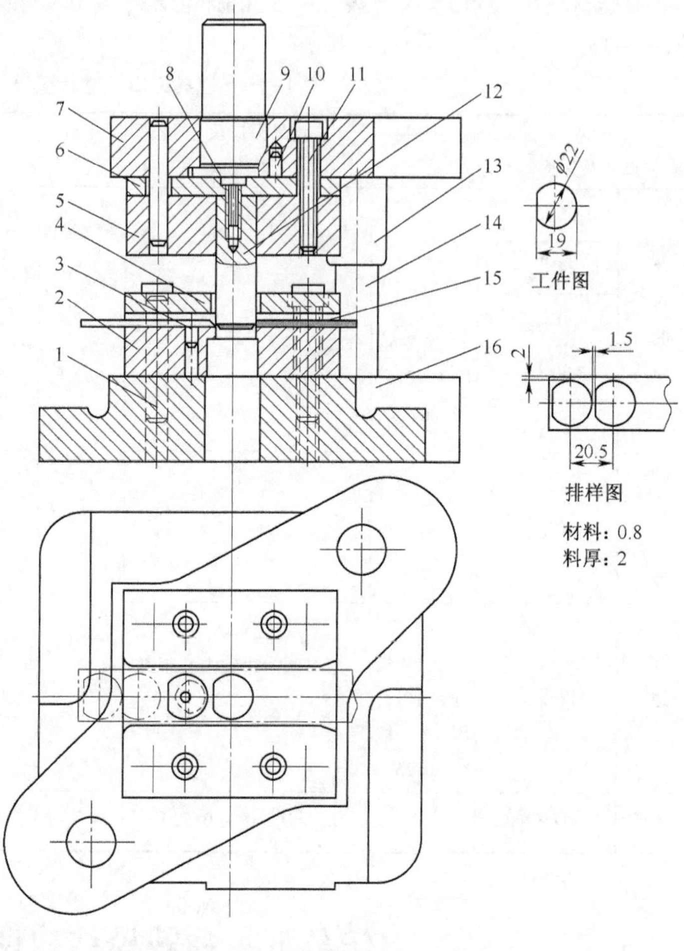

（2）弹性卸料落料模

图 1-20　单工序落料模

1—螺钉;2—凹模;3—挡料销;4—卸料板;5—固定板;6—垫板;
7—上模座;8、11—螺钉;9—模柄;10—止转销;12—凸模;
13—导套;14—导柱;15—导料板;16—下模座

当板料较薄（厚度小于 0.5mm）、平直度要求较高时,一般采用弹性卸料。弹性卸料落料
模的典型结构如图 1-21 所示。

压入式模柄 5 装入上模座 1 并以止转销 6 防止其转动。凹模 12 通过内六角螺钉和销钉
与下模座 14 紧固并定位,凸模 10 通过凸模固定板 9 与上模座 1 相连并紧固定位,凸模背面
垫上凸模垫板 8。

将条料沿着后侧两个导料销 23 从右向左送进至条料料头顶住挡料销 18,模具的上模部
分向下运动直至完成冲裁,此时压力机滑块刚好在下止点。

弹压卸料装置由弹压卸料板 11、卸料螺钉 3 和弹簧 2 组成。在凸、凹模进行冲裁工作之
前,由于弹簧力的作用,卸料板先压住条料,上模继续下行时进行冲裁分离,此时弹簧被继续
压缩。上模回程时,弹簧恢复,推动卸料板把箍在凸模上的边料卸下。

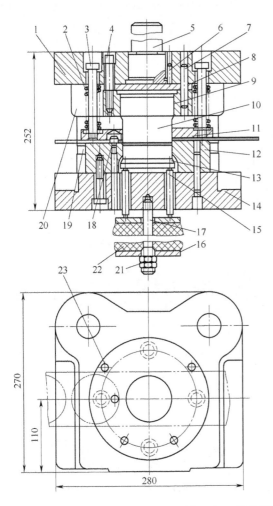

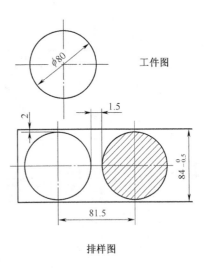

图 1-21 弹性卸料落料模

1—上模座；2—弹簧；3—卸料螺钉；4—内六角螺钉；5—模柄；6—防转销钉；7—销钉；8—凸模垫板；
9—凸模固定板；10—凸模；11—弹压卸料板；12—凹模；13—顶块；14—下模座；15—顶杆；16—顶板；
17—双头螺钉；18—挡料销；19—导柱；20—导套；21—锁紧螺母；22—橡胶；23—导料销

卡在凹模 12 中的落料件由顶件装置顶出。顶件装置由顶块 13、顶杆 15、顶板 16、橡胶 22、双头螺钉 17、锁紧螺母 21 组成。冲裁前，顶块高出凹模上平面约 0.5 mm，冲裁时，橡胶 22 被压缩，冲裁结束后，上模回程，橡胶恢复，推动顶件块将落料件顶出凹模。

2. 单工序冲孔模的典型结构

单工序冲孔模的典型结构如图 1-22 所示。

定位板 3 对坯料进行外形定位，上模部分由压力机滑块带动向下运动，弹压卸料板 4 首先将坯料压住。上模继续向下运动，在凸模 10 运动到最低位置时，坯料被凸、凹模冲剪，废料与坯料分离，并被凸模 10 推出凹模 2，此时压力机滑块刚好在下止点，冲孔过程完成。

上模回程时，弹性卸料装置将工件从冲孔凸模上卸下。弹性卸料装置由弹压卸料板 4、弹簧 5、卸料螺钉 14 组成，除卸料作用外，弹性卸料装置还可保证冲孔零件的平整，提高零件的质量。

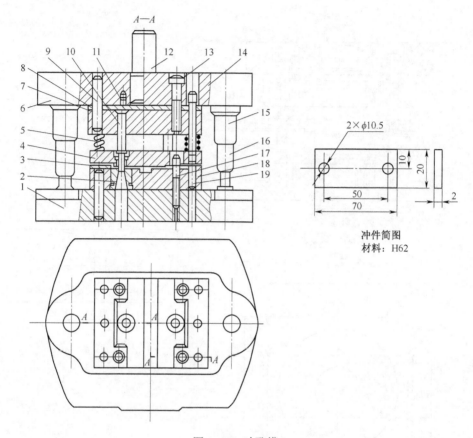

图 1-22　冲孔模

1—下模座；2—凹模；3—定位板；4—弹压卸料板；5—弹簧；6—上模座；7—凸模固定板；8—垫板；

9、11、19—定位销钉；10—凸模；12—模柄；13、17—螺钉；14—卸料螺钉；15—导套；16—导柱；18—凸膜固定板

冲件简图
材料：H62

3. 复合冲裁模的典型结构

在压力机的一次工作行程中，在模具同一工位同时完成几道分离工序的模具称为复合冲裁模。复合冲裁模的特点是：结构紧凑，生产率高，冲件精度高，特别是孔相对外形的位置精度容易保证。

但复合模结构复杂，对模具零件精度及模具装配精度要求高，使加工成本提高，主要用于批量大、精度要求高的冲裁件。

（1）正装式复合模的典型结构（见图 1-23）

如图 1-23 所示，凸凹模 6 安装在上模，其外形为落料的凸模，内孔为冲孔的凹模。

工作时，弹压卸料板 7 将卡在凸凹模外围上的废料卸下，并起压料的作用，因此，冲出的工件平整。顶件块 9 在弹顶装置的作用下，把卡在落料凹模 8 内的工件顶出；打杆 1、推板 3、推杆 4 组成另一套打料装置，通过推杆 4 从凸凹模 6 的冲孔凹模中推出冲孔废料；顶件块 9，带肩顶杆 10 在弹性装置（图中未示出，类似图 1-21 中的编号 16,17,21,22）作用下，将卡在落料凹模 8 中的工件顶出。因此，正装式复合模共有三套打料装置，结构较为复杂。

（2）倒装式复合模典型结构

倒装式冲孔落料复合模的结构如图 1-24 所示。

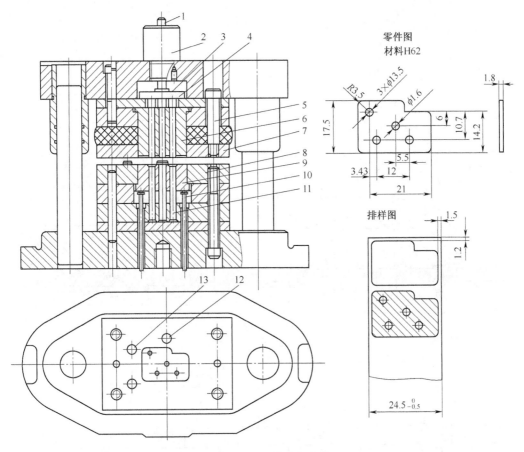

图 1-23　正装式复合模
1—打杆；2—模柄；3—推板；4—推杆；5—卸料螺钉；6—凸凹模；7—弹压卸料板；
8—落料凹模；9—顶件块；10—带肩顶杆；11—冲孔凸模；12—挡料销；13—导料销

模具的凸凹模 18 装在下模，它的外轮廓起落料凸模的作用，而内孔起冲孔凹模的作用。落料凹模 17 和冲孔凸模 14、16 则装在上模。

条料由活动挡料销 5 和导料销 22 定位，非工作行程时，活动挡料销 5 由弹簧 3 顶起，可供定位；工作时，挡料销被压下，上端面与板料平。由于采用弹簧弹顶挡料装置，所以在凹模上不必钻相应的让位孔。冲裁完毕后，由于弹性回复使工件卡在凹模 17 内，为了使冲压生产顺利进行，使用由打杆 12、推板 11、连接推杆 10、推件块 9 组成的刚性推件装置将工件推下。条料废料则由弹压卸料板 4 卸下，冲孔废料则由冲孔凸模从凸凹模的内孔中推出。

图 1-25 所示倒装式模具结构与图 1-24 所示的复合模的结构类似。由于模具的冲孔凸模不在模具中心，因此推件块可由打杆直接推动，不需要安装推板和连接杆。其次，由于不需要安装推板，因此采用了压入式模柄。

采用刚性推件装置的倒装式复合模，板料不是处在被压紧的状态下冲裁，因而平直度不高，但工作可靠，不会失灵。这种结构适用于冲裁较硬的或厚度大于 0.3 mm 的板料。

如果在上模内设置弹性元件，即采用弹性推件装置，就可以冲制材质较软或板料厚度小于 0.3 mm，且平直度要求较高的冲裁件。

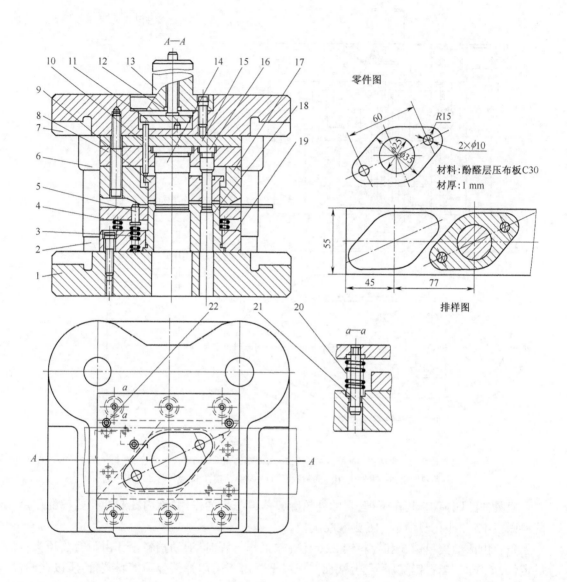

图 1-24　冲件中心有孔的倒装式复合模结构

1—下模座；2—导柱；3、20—弹簧；4—弹压卸料板；5—活动挡料销；6—导套；7—上模座；8—凸模固定板；
9—推件块；10—连接推杆；11—推板；12—打杆；13—模柄；14、16—冲孔凸模；15—垫板；
17—落料凹模；18—凸凹模；19—固定板；21—卸料螺钉；22—导料销

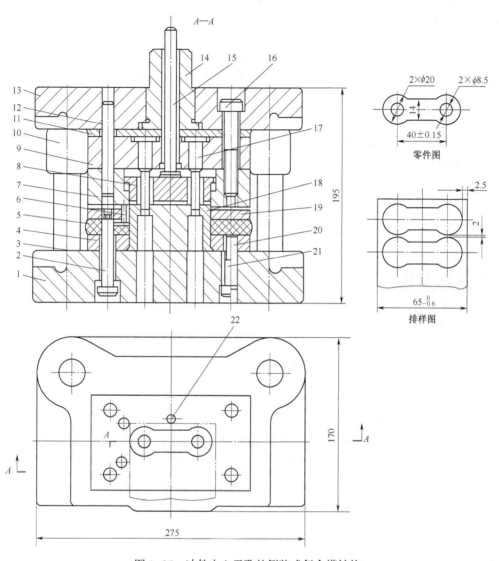

图 1-25 冲件中心无孔的倒装式复合模结构

1—下模座;2—卸料螺钉;3—导柱;4—固定板;5—橡胶;6—导料销;7—落料凹模;8—推件块;9—凸模固定板;
10—导套;11—垫板;12,20—销钉;13—上模座;14—凸缘模柄;15—打杆;16,21—螺钉;17—冲孔凸模;
18—凸凹模;19—卸料板;22—挡料销

任务实施

模具结构设计过程如下。

1. 模具类型的选择

根据图 1-9 所示排样图,应选择复合冲裁模具。复合模冲裁模具有两种结构形式:正装式和倒装式。因为本例冲件厚度为 1 mm,属于较厚冲件,因此本例采用适合冲裁较厚冲件且结构相对简单的倒装式复合模。

2. 定位方式的选择

采用手动送料方式,从右往左送料。在卸料板后侧设 2 个导料销,用来控制条料的送进方向,在卸料板左侧设1个挡料销,控制条料的送进步距。

3. 卸料、出件方式的选择

复合模冲裁时,条料将卡在凸凹模外缘,因此需要卸料装置。根据倒装式复合模具冲裁的运动特点,该模具采用弹性卸料装置。由于材料较厚,因此采用刚性推件装置将卡在凹模中的工件推出。

4. 导向方式的选择

由于后侧导柱模架送料和操作比较方便,因此,该复合模采用滑动导向的后侧导柱模架。

5. 模具结构草图

根据前述分析,绘制模具结构草图,如图1-26所示。

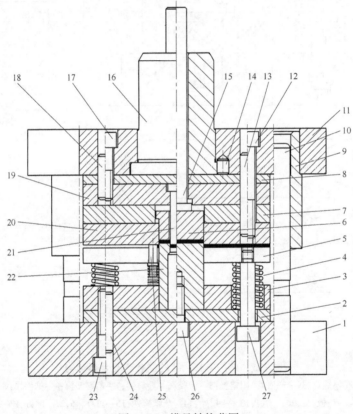

图1-26　模具结构草图

1—下模座;2—下垫板;3—凸凹模固定板;4—弹簧;5—卸料板;6—推件块;7—空心垫板;8—上垫板;
9—导套;10—导柱;11—上模座;12,17,23,26—内六角螺钉;13,14,18,24—圆柱销钉;15—打杆;
16—模柄;19—凸模固定板;20—凹模;21—凸模;22—凸凹模;25—挡料销;27—卸料螺钉

任务六　工作零件设计

任务目标

(1)了解冲裁模工作零件的类型、结构、特点。

（2）掌握冲裁模工作零件的设计方法。

（3）会设计冲裁模工作零件。

任务描述

根据已确定的模具结构、刃口尺寸计算结果,设计冲裁模工作零件。

相关知识

一、凸模结构

1. 圆形凸模

圆形凸模是指刃口形状为圆形的凸模,一般采用台肩固定。凸模结构形式及固定方式如图 1-27 所示。

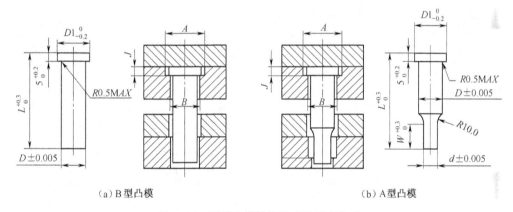

（a）B 型凸模　　　　　　　　　　　　　（b）A 型凸模

图 1-27　圆形凸模结构形式及固定方式

图中尺寸关系应满足:$A=D_1+2$;$B=D$;$J=5.5$

图 1-27(a)所示为 B 型凸模(简称 B 冲或 T 形冲)结构形式及其固定方式。为保证凸模强度,避免应力集中,在凸模变径处应以圆弧形式过渡。B 型凸模适合冲制 $\phi3\sim\phi30$ mm 的工件。

图 1-27 (b)所示为 A 型凸模(简称 A 冲)结构形式及其固定方式,适合冲裁 $\phi1.1\sim\phi30.2$ mm 的工件。

圆形凸模已经标准化,可根据凸模刃口直径和长度(长度计算方法见后述)查附录表-13、附录表-14 订购。

2. 异形凸模

异形凸模是指非圆形刃口凸模,如图 1-28 所示。一般均采用线切割加工成型,其固定方式有如下三种方式。

（1）当 $B<20$ 时,采用挂钩固定,如图 1-28(a)所示,图中尺寸关系如下。

①$C=1.0$ mm;$H=C+2=3$ (mm)。

②D 依产品尺寸尽量取大,但应保证 $D\leqslant15$ mm;$G=D+2$ mm。

③$E=5_{-0.10}^{0}$ mm;$F=5_{0}^{+0.10}$ mm。

④凸模尺寸较大时,可取两个或多个挂钩,但挂钩的分布位置及数量须考虑挂钩的研磨加工方便性和凸模的夹持稳定性。

(2)当 $A \times B > 20 \times 20$ 时,凸模采用内六角螺钉固定,如图 1-28(b)所示(螺孔深 $K = 25$ mm)。

①$A \times B > 20 \times 20$ 用 1 个 M8 内六角螺钉固定。

②$A \times B > 50 \times 20$ 用 2 个 M8 内六角螺钉固定。

③$A \times B > 50 \times 50$ 用 4 个 M8 内六角螺钉固定。

以上可适当增加内六角螺钉数量固定凸模。

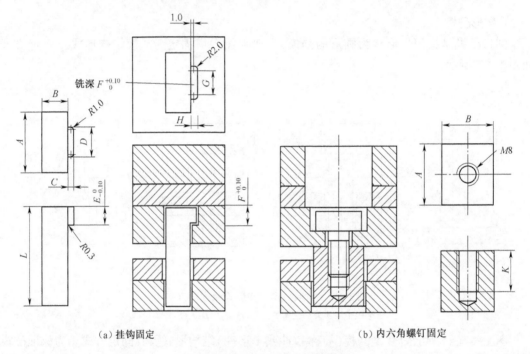

(a)挂钩固定   (b)内六角螺钉固定

图 1-28 异形凸模及固定方式

(3)当 $A < 20$ mm 时,凸模较小,形状复杂,上述两种固定方式都不适用时,可采用氩焊固定的方式。即在凸模上用氩焊的方法焊出挂钩,再经修磨达到要求的尺寸和形状,修磨后的挂钩尺寸和形状要求,与前面的普通凸模挂钩固定方法相同。

3. 凸模长度

当采用固定卸料板和导料板时,如图 1-29(a)所示,凸模长度按式(1-31)计算:

$$L = h_1 + h_2 + h_3 + h \tag{1-31}$$

当采用弹压卸料板时,如图 1-29(b)所示,凸模长度按式(1-32)计算:

$$L = h_1 + h_2 + t + h \tag{1-32}$$

式中:L——凸模长度(mm);

h_1——凸模固定板厚度(mm);

h_2——卸料板厚度(mm);

h_3——导料板厚度(mm);

t ——材料厚度(mm);

h ——增加长度。它包括凸模的修磨量、凸模进入凹模的深度(0.5~1 mm)、凸模固定板与卸料板之间的安全距离等,一般取 10~20 mm。

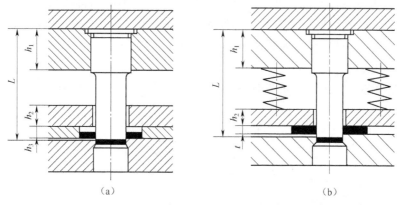

（a）　　　　　　　　　　　（b）

图 1-29　凸模长度计算

二、凹模设计

1. 凹模的刃口结构

圆形刃口的结构形式如图 1-30 所示,共分为 5 种。

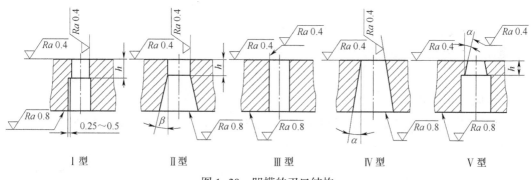

Ⅰ型　　　Ⅱ型　　　Ⅲ型　　　Ⅳ型　　　Ⅴ型

图 1-30　凹模的刃口结构

Ⅰ型:柱孔口直筒形凹模,刃口强度较高,修磨后尺寸无变化,加工简单,工件容易漏下。

Ⅱ型:柱孔口锥形凹模,刃口强度较高,修磨后孔口尺寸不变,常用于冲裁形状复杂或精度要求较高的工件,β 一般取 2°~3°。

Ⅰ型、Ⅱ型在孔口容易积料,增加了冲裁力和孔壁的磨损,磨损后孔口形成倒锥形状,使孔口内的冲裁件容易反跳到凹模表面上,影响冲裁正常进行,严重时还会损坏冲模,所以直段 h 部分不适于过大,一般可按材料厚度选取:

$$t<0.5 \text{ mm} \qquad h=3~5 \text{ mm}$$
$$t<0.5~5 \text{ mm} \qquad h=5~10 \text{ mm}$$
$$t<5~10 \text{ mm} \qquad h=10~15 \text{ mm}$$

Ⅲ型:为直筒形凹模,刃口强度高,刃磨后尺寸无变化,此种结构多用于有顶出装置的复合模。

Ⅳ型:为锥形凹模,冲裁件容易漏下,凹模磨损后修磨量较小,但刃口强度不高。修后孔口有变大的趋势,适于冲制自然漏料、精度不高、形状简单的工件。α 角一般电加工时取 $\alpha = 4' \sim 20'$(落料模$<10'$,复合模 $\alpha = 5'$),机械加工经钳工精修时取 $\alpha = 15' \sim 30'$。

Ⅴ型:为具有锥形柱孔的凹模,其特点是孔口不容易积存工件或废料,刃口强度略差。一般用于形状简单,精度要求不高的工件的冲裁。通常取 $\alpha = 15' \sim 30'$、$h = 4 \sim 10$ mm。

非圆形刃口结构只有直筒形形式这一种(Ⅲ型)。

2. 凹模结构尺寸

整体式凹模各种结构尺寸如图 1-31 所示。

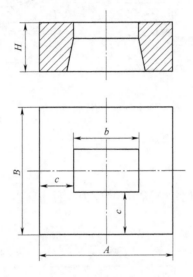

图 1-31 凹模各种尺寸

(1)凹模壁厚 c

凹模壁厚 c 与制件厚度 t 及条料宽度 B 有关,设计时可查表 1-16 确定凹模最小壁厚度 c。

表 1-16 凹模最小壁厚度 单位:mm

料带宽 \ 料厚	≤0.8	>0.8~1.5	>1.5~3	>3~5
≤40	$c = 20 \sim 25$	$c = 22 \sim 28$	$c = 24 \sim 32$	$c = 28 \sim 36$
>40~50	$c = 22 \sim 28$	$c = 24 \sim 32$	$c = 28 \sim 36$	$c = 30 \sim 40$
>50~70	$c = 28 \sim 36$	$c = 30 \sim 40$	$c = 32 \sim 42$	$c = 35 \sim 45$
>70~90	$c = 32 \sim 42$	$c = 35 \sim 45$	$c = 38 \sim 48$	$c = 40 \sim 52$
>90~120	$c = 35 \sim 45$	$c = 40 \sim 52$	$c = 42 \sim 54$	$c = 45 \sim 58$
>120~150	$c = 40 \sim 52$	$c = 42 \sim 54$	$c = 42 \sim 58$	$c = 48 \sim 62$

(2)凹模高度

凹模高度 H 按式(1-33)计算

$$H = kb(\, > 15 \text{ mm})$$ (1-33)

式中:b——凹模刃口的最大尺寸(mm);

　　k——系数,与板料厚度及凹模刃口的最大尺寸 b 有关,见表1-17。

表 1-17　凹模高度系数 k

b(mm)	$t \leqslant 1$ mm	$t>1 \sim 3$ mm	
$\leqslant 50$	$k = 0.30 \sim 0.40$	$k = 0.35 \sim 0.50$	$k = 0.45 \sim 0.60$
$>50 \sim 100$	$k = 0.20 \sim 0.30$	$k = 0.22 \sim 0.35$	$k = 0.30 \sim 0.45$
$>100 \sim 200$	$k = 0.15 \sim 0.20$	$k = 0.18 \sim 0.22$	$k = 0.22 \sim 0.30$
>200	$k = 0.10 \sim 0.15$	$k = 0.12 \sim 0.18$	$k = 0.15 \sim 0.22$

　　根据凹模刃口尺寸 a、b 和凹模壁厚 c,可计算出凹模的长度 A 和宽度 B。

　　根据 A、B,H 按就高、就近的原则,查附录表-15、表-16 选取标准凹模板,由标准凹模板加工出凹模。

3. 凹模的固定方法

凹模的固定方法如图 1-32 所示,有如下几种方式。

(1)凹模与固定板采用 H7/m6 配合,如图 1-32(a)所示。凹模带有台阶,这种形式常用于工件形状较简单和较厚的材料冲裁。

(2)凹模采用 H7/s6 压配合的形式与固定板配合,如图 1-32(b)所示。一般只在冲裁小件时使用。

(3)凹模直接固定在模座上,如图 1-32(c)、图 1-32(d)所示。图 1-32(c)适合冲裁大型工件,图 1-32(d)适合冲裁数量较少的简单件。

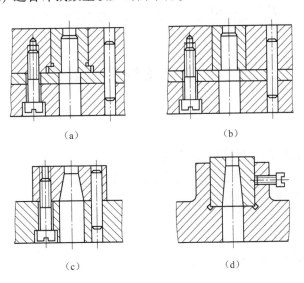

(a)　　　　　　　　　　(b)

(c)　　　　　　　　　　(d)

图 1-32　凹模固定方式

三、凸凹模的结构设计

凸凹模是冲模当中一个特殊零件,其内形刃口起凹模作用,外形起凸模作用。因此,在设计凸凹模时,其外形可参照一般凸模结构进行设计,内形可参照一般凹模结构进行设计。凸凹模设计的关键是保证凸凹模有足够的强度,防止壁部太薄,在冲压时开裂。

任务实施

落料凹模、冲孔凸模、凸凹模设计过程如下:

1. 落料凹模结构尺寸

根据式(1-33)计算凹模高度:$H = kb = 0.22 \times 65 \approx 14.3$ (mm)

查表 1-16 得凹模壁厚:$C = 32 \sim 42$ mm。

垂直于送料方向的尺寸:$B = b + 2c = 65 + 2 \times 32 = 129$(mm)

送料方向的尺寸:$A = a + 2c = 30 + 2 \times 32 = 94$(mm)

根据就近、就高的原则,参考附录表-15,可确定凹模尺寸长×宽×高为:125 mm×125 mm×14 mm。

2. 空心垫板结构尺寸

为了安装推件块,在凹模上方增加长×宽×高尺寸为 125 mm×125 mm×12 mm 的空心垫板。

3. 冲孔凸模长度

根据冲孔凸模刃口与落料凹模刃口平齐的原则确定冲孔凸模长度。

冲孔凸模长度=冲孔凸模固定板厚度+落料凹模厚度+空心垫板厚度 = 14 + 14 + 12 = 40(mm)。

4. 凸凹模高度

参考图 1-29(b),根据式(1-32)确定凸凹模高度 H:

$$H = 16 + 10 + (10 \sim 20) = 36 \sim 46(\text{mm})$$

初定凸凹模高度为 42 mm。

任务七　卸料及推件装置设计

任务目标

(1)了解弹性卸料装置、刚性推件装置的结构、特点。

(2)掌握弹性卸料装置、刚性推件装置的设计方法。

(3)会设计弹性卸料装置、刚性推件装置。

任务描述

根据已确定的模具结构,设计卸料、推件装置。

相关知识

一、弹性卸料装置设计

弹性卸料装置如图 1-33 所示,其中图 1-33(a)所示为橡胶直接卸料装置,适用于薄料冲裁的小批量生产;图1-33(b)所示为一般弹压卸料装置;图1-33(c)所示为使用弹顶装置的凸凹模卸料装置;图1-33(d)所示为带小导柱的弹压卸料装置,这种卸料板运动平稳,可兼做凸模导向作用;图1-33(e)所示为一般的凸凹模弹性卸料装置。

弹性卸料装置既起卸料作用又起压料作用,所得冲裁零件质量较好,平直度较高。

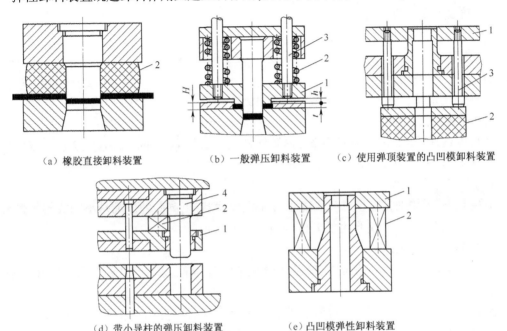

（a）橡胶直接卸料装置　　　（b）一般弹压卸料装置　　　（c）使用弹顶装置的凸凹模卸料装置

（d）带小导柱的弹压卸料装置　　　（e）凸凹模弹性卸料装置

图 1-33　弹压卸料板结构
1—弹性卸料板;2—弹性元件;3—卸料螺钉;4—小导柱

1. 弹压卸料板设计

（1）弹压卸料板的结构尺寸

弹压卸料板的厚度一般取 10~20 mm,作导板时取凹模板厚度(高度)的 0.8~1.0。
在模具开启状态,卸料板顶面应高出模具工作零件刃口 0.3~0.5 mm,以便顺利卸料。

（2）弹压卸料板孔与凸模的单边间隙(见表 1-18)

表 1-18　卸料板孔与凸模的单边间隙 　　　　　　　　　　　　　　单位:mm

冲件料厚 t	<0.5	>0.5~1	>1
$Z_1/2$	0.05	0.10	0.15

2. 弹簧

弹簧是模具中广泛应用的弹性零件,主要用于卸料、压料、推件和顶出等工作。根据荷重不同,分为轻小荷重、轻荷重、中荷重、重荷重、极重荷重五种,对应颜色分别为黄色、蓝色、红色、绿色和棕色,各种弹簧规格、荷重及压缩比见附录表-10、表-11。

（1）弹簧种类选择

①卸料、顶料优先选用绿色或棕色弹簧;如果顶料销所需的顶料力不很大时,可选用红色弹簧或蓝色弹簧。

②复合模外脱料板用红色弹簧,内脱料板用绿色或棕色弹簧。

③冲孔模和成形模用绿色或棕色弹簧。

④活动定位销一般选用 $\phi8.0$ mm 顶料销,配 $\phi10.0$ mm× $\phi1.0$ mm 圆线弹簧和 M12.0×1.5 mm的紧固螺钉。

(2)弹簧个数计算

卸料弹簧个数按式(1-34)计算

$$n = F \times 0.05/220 + (2 \sim 3) \tag{1-34}$$

式中:F——为冲裁力(kg);

n——为应放弹簧的个数(小型模具一般为 2~6 个)。

(3)弹簧直径选择

尽可能选择较大直径的压缩弹簧,弹簧外径优先选用 $\phi25$ mm,在空间较小区域可考虑选用其他规格(如 $\phi20$ mm、$\phi18$ mm、$\phi16$ mm、…)。

(4)弹簧长度估算

开模状态,弹簧的预缩量一般取值 2~4 mm;闭模状态,弹簧的压缩量小于或等于最大压缩量[最大压缩量 LA =弹簧自由长 L×最大压缩比(%)]。

(5)弹簧过孔直径

弹簧在模板上的过孔直径,根据弹簧外径不同取值不一样。设计时可参考附录表-10选取。

(6)弹簧排配原则

弹簧排列首先考虑受力重点部位,然后再考虑整个模具受力均衡平稳。受力重点部位是指复合模的内脱料板外形和凸凹模的周围、冲孔模的冲头周围、成形模的折弯边及有压凸成形的地方。

弹簧过孔中心到模板边缘距离应大于弹簧外径 D,与其他孔距离应保证实体壁厚大于 5 mm。

3. 卸料螺钉

卸料螺钉属标准件,如图 1-34 所示。

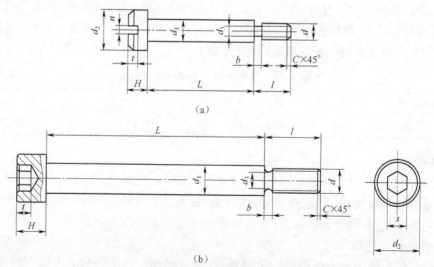

(a)

(b)

图 1-34 卸料螺钉结构

卸料螺钉分为圆柱头卸料螺钉[见图 1-34(a)]和圆柱头内六角卸料螺钉两种[见图1-34(b)]。

卸料螺钉规格见附录表-24 和附录表-25。一般优先选用 M8 或 M10 的卸料螺钉,如果空间不够,可选用 M6 的卸料螺钉。

卸料螺钉长度按表 1-19 中的参数计算。

表 1-19　卸料螺钉装配尺寸　　　　　　　　　　　　　单位:mm

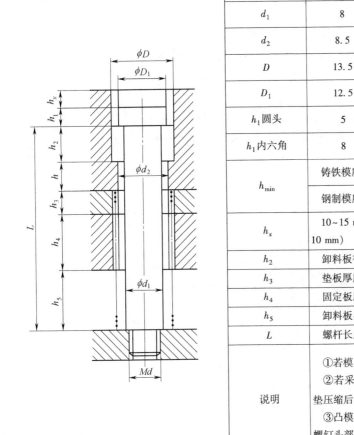

d	M6	M8	M10	M12
d_1	8	10	12	16
d_2	8.5	10.5	13	15
D	13.5	16	20	26
D_1	12.5	15	18	24
h_1 圆头	5	6	7	9
h_1 内六角	8	10	12	16
h_{min}	铸铁模座:$h \geqslant d$			
	钢制模座:$h \geqslant 0.75d$			
h_x	10~15 mm(模具刃磨量 4~6 mm+安全余量 5~10 mm)			
h_2	卸料板行程			
h_3	垫板厚度			
h_4	固定板厚度			
h_5	卸料板与固定板安全距离			
L	螺杆长度			
说明	①若模座开通孔,则 h 为零。②若采用橡胶垫作弹性元件,h_5 尺寸即为橡胶垫压缩后的高度。③凸模刃口刃磨后,重新安装卸料板时,需要在螺钉头部添加垫圈,垫圈的厚度与刃磨量相等			

二、刚性推件装置设计

1. 刚性推件装置结构及特点

根据推件块中央是否需要布置冲孔凸模,可将刚性推件装置分为两种结构形式,如图1-35 所示。

当推件块中央需布置冲孔凸模时,采用图 1-35(a)所示结构,刚性推件装置由打杆、打板、推件块组成;当推件块中央不需布置冲孔凸模时,采用图 1-35(b)所示结构,刚性推件装置由打杆、推件块组成。

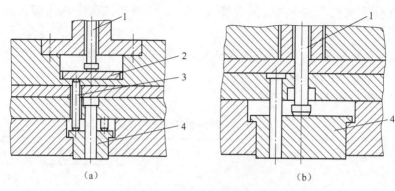

图 1-35 刚性推件装置结构

1—带肩推杆;2—推板;3—连接推杆;4—推件块

刚性推件装置推件力大、工作可靠,常用于厚料工件的推出。

2. 推件块设计规范

（1）结构形式

推件块是直接与工件接触的零件,截面形状一般与工件相同,设计时需要注意防止其从凹模内脱出,所以一般采用带挂台的凸缘式结构,如图 1-36 所示。

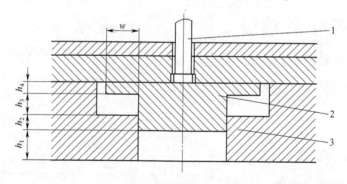

图 1-36 推件块结构

1—推杆;2—推件块;3—凹模

（2）配合尺寸与公差要求

①凹模直壁段应有可存留 1~2 片制件的高度（即:$h_1 = 1 \sim 2t$）,以防推件失灵时,能有足够的时间停机。

②推件块在工作行程内不能脱离凹模的直壁段,应有至少 4 mm 的配合段（即 $h_2 =$ 4 mm）。

③推件块在下极点位置时要保证能伸出凹模面 0.5 mm 左右,这种设计可以使推出的工件与凹模彻底脱离,即 $h_3 + h_2 > h_1 + h_2 + 0.5$ mm,因此:$h_3 > h_1 + 0.5$ mm

④推件块的凸缘高度可取 5 mm（即 $h_4 = 5$ mm）,凸缘宽度可取 2 mm（即 $w = 2$ mm）。

⑤推件块与凹模、凸模的配合间隙查附录表-5 确定。

3. 推杆设计规范

推杆（又称打杆）,已标准化,分为 A、B 两种型号,结构如图 1-37 所示。

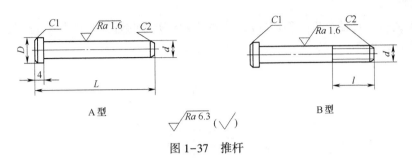

$$\sqrt{Ra\,6.3}\;(\sqrt{})$$

图 1-37 推杆

推杆的设计关键在于确定其长度。设计时既要考虑是否会被压力机滑块中的横梁撞击到,又不能过长而影响打板的行程。

设计时一般按打杆超出模柄 30 mm 左右确定打杆长度,打杆直径比模柄孔径小 0.5~1 mm。根据其直径与长度,查附录表-21 选取标准打杆。

任务实施

1. 弹性卸料装置设计

（1）卸料板

卸料板的厚度取为 10 mm,卸料板结构尺寸确定为 125 mm×125 mm×10 mm。

（2）卸料弹簧的选用

弹簧种类:选取红色弹簧,查附录表-11,30 万回的最大压缩比为 32%。

弹簧个数:初选取 4 个,每个弹簧的荷重=卸料力÷4＝3 106÷4＝776.5(N)

弹簧直径:根据弹簧所受荷重,选取弹簧直径为 ϕ20 mm(最大荷重为 785 N)。

弹簧长度:根据凸凹模高度,初定弹簧自由长度为 35 mm。

计算最大压缩量 ΔL : $\Delta L = 35 \times 32\% = 11.2$ (mm)

预压缩量: $S_{预} = $ 2~4 mm,取 3 mm。

校核弹簧压缩量是否满足要求:

$$S_{总} = S_{预} + S_{工作} + S_{修磨}$$
$$= 3+(1+1)+4=9(mm)$$

满足 $\Delta L \geqslant S_{总}$

（3）卸料螺钉选用

根据弹簧内径为 ϕ10 mm,选取 M8 卸料螺钉。

卸料螺钉长度 L=凸凹模高度+下垫板厚度-卸料板厚度＝42+8-10＝40(mm)

查附录表-25,确定卸料螺钉规格为:圆柱头内六角螺钉 M8×40 JB/T 7650.6—2008。

冲裁结束时,卸料装置各零件尺寸关系如图 1-38 所示。

2. 刚性推件装置设计

（1）推件块

推件块形状与冲件形状一致,如图 1-36 所示,推件块各尺寸取值如下:凸缘宽度 w = 2.5 mm;凸缘厚度 $h_4 = 5$ mm;用作图法确定推件块总厚度为 20 mm;推件块与冲孔凸模、落料凹模的配合间隙参考附录表-5 选取。

（2）打杆

根据前述打杆直径及长度确定办法,由图1-38所示的各模板的相对位置关系,及附录表-22确定打杆长度为140 mm。

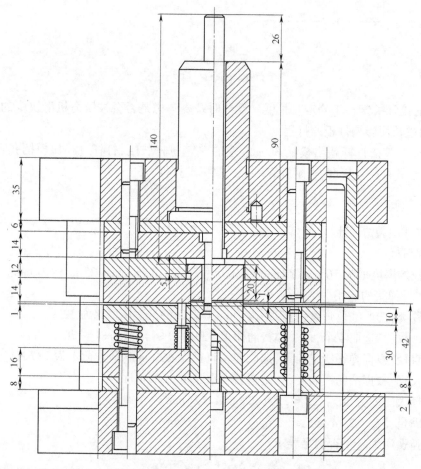

图1-38　冲裁结束时,卸料装置、推件装置与各零件尺寸关系

任务八　条料定位零件设计

任务目标

（1）了解条料定位零件的类型、结构、特点。

（2）掌握条料定位零件的设计方法。

（3）会设计条料定位零件。

任务描述

根据模具结构,送料方式设计条料定位零件。

相关知识

一、导料板、承料板设计

1. 导料板

导料板如图 1-39 所示,导料板在与送进方向垂直的方向上对条料限位,以保证条料沿正确的方向送进。

导料板一般设在条料两侧,手工送料时也可只在一侧设导料板。

导料板长度 L 一般应大于凹模的长度,使其伸出凹模外 10 mm 以上,其伸出部分的底下设承料板。

导料板厚度 H 取决于挡料销的种类和冲裁板料厚度,其与挡料销的关系见表 1-20;导料板的其他参数可查附录表-17 确定。

表 1-20　导料板厚度　　　　　　　　　　　　　　单位:mm

材料厚度 t	挡料销高度 h	导料板厚度 H	
		使用固定挡料销时	使用自动挡料销或侧刃时
0.3~2	3	6~8	4~8
2~3	4	8~10	6~8
3~4	4	10~12	8~10
4~6	5	12~15	8~10
6~10	8	15~25	10~15

2. 承料板

承料板对进入模具之前的条料起支承作用,结构如图 1-40 所示。

承料板一般与导料板配对使用,自动送料时,不需要承料板。承料板长度 L 根据导料板跨度确定,其他参数可查附录表-18 确定。

二、导料销、挡料销设计

1. 导料销

用于毛坯以外形定位,多用于有弹压卸料板的单工序模和复合模。

导料销一般设两个,并位于条料的同一侧,从右向左送料时,导料销装在后侧;从前向后送料时,导料销在左侧,如图 1-41 所示。

导料销属标准件,结构与挡料销一样。根据板料厚度 t 查表 1-20 确定导料销高度(与导料板高度 H 一样)。根据导料销高度查附录表-19 可确定导料销参数。

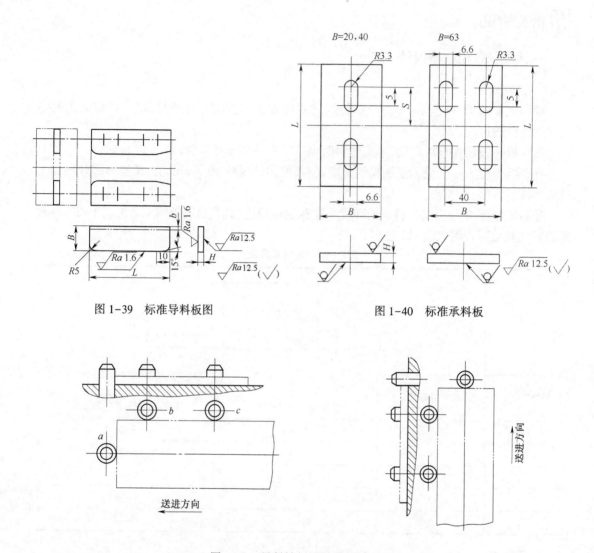

图 1-39　标准导料板图　　　　　　　图 1-40　标准承料板

图 1-41　导料销与挡料销配合定位

2. 挡料销

挡料销在冲裁模中用来控制送料步距,可分为固定挡料销与活动挡料销。固定挡料销一般用于单工序的冲孔、落料模,活动挡料销一般用于冲孔落料复合模。

(1)固定挡料销

标准固定挡料销分为 A 型、B 型与钩型三种,如图 1-42 所示。

A 型挡料销的销孔离凹模刃壁较远,对凹模的强度影响小,可用于中、小型冲模;B 型挡料销的销孔离凹模刃壁较近,削弱了凹模的强度,一般只用于小型冲模。

当 A 型挡料销满足不了凹模壁厚要求时,可采用钩形挡料销。

根据材料厚度 t,查表 1-20 确定挡料销的高度 h,根据 h 查附录表-19 确定挡料销参数。

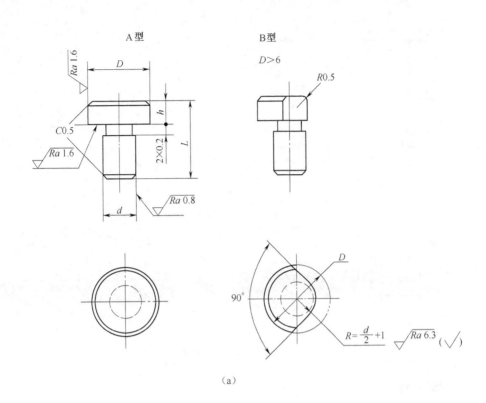

（a）

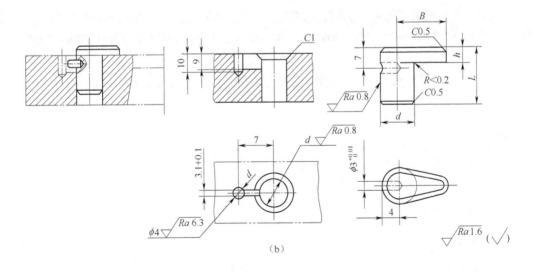

（b）

图 1-42　固定挡料销

（2）活动挡料销

活动挡料销装配尺寸如图 1-43 所示,查附录表-20 可确定活动挡料销装置各零件的参数。

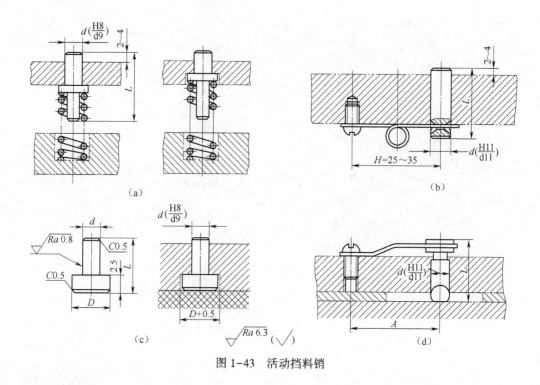

图 1-43 活动挡料销

任务实施

本例采用 2 个活动导料销作送进导向、1 个活动挡料销控制送进步距。

挡料销、导料销采用相同型号的弹簧弹顶挡料销。查附录表-20,确定挡料销、导料销型号规格为:弹簧弹顶挡料销 6×22　JB/T 7649.5—2008;弹簧规格为:0.8×8×20　GB/T 2089—2009。

任务九　标准模架及导柱、导套的选用

任务目标

(1)了解标准模架的组成、作用、类型。

(2)掌握标准模架的选用方法。

(3)会选用标准模架。

任务描述

试确定本例模具标准模架、导套、导柱型号及参数。

相关知识

一、模架

通常所说的模架是由上模座、下模座、导柱、导套 4 个部分组成的,标准模架不包括模柄。

上、下模座的作用是直接或间接地安装冲模的所有零件,分别与压力机滑块和工作台连接,传递压力。上、下模间的精确定位,由导柱、导套的导向来保证。

1. 模架类型

模架按材料分类,一类是钢模架,主要用于高速冲压,一类是铸铁模架,主要用于普通冲压。

按导向形式分,一类是滑动导向模架(见图1-44),一类是滚动导向模架(见图1-45)。滚动导柱、导套通过滚珠保持无间隙相对运动,具有精度高、寿命长的特点,但加工复杂,装配困难,适用于高速、精密冲模及多工位级进模。滑动导柱、导套虽然导向精度不及滚动导柱、导套,但价格便宜,加工方便,容易装配,在模具行业中获得广泛应用。

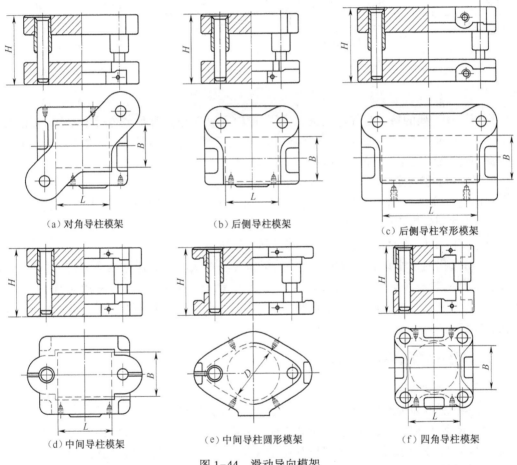

(a)对角导柱模架　　　　(b)后侧导柱模架　　　　(c)后侧导柱窄形模架

(d)中间导柱模架　　　　(e)中间导柱圆形模架　　　　(f)四角导柱模架

图1-44　滑动导向模架

按导柱导套的布置形式可分为对角导柱模架、中间导柱模架、四角导柱模架、后侧导柱模架4种结构形式。对角导柱模架、中间导柱模架、四角导柱模架的共同特点是,导向装置安装在模具的对称线上,运动平稳,导向准确可靠。所以要求导向精确可靠时都采用这3种结构形式。

对角导柱模架上、下模座,其工作平面的横向尺寸L一般大于纵向尺寸B,常用于横向送料的级进模,纵向送料的单工序模或复合模。

中间导柱模架只能纵向送料,一般用于单工序模或复合模。

四角导柱模架常用于精度要求较高或尺寸较大冲件的生产及大批量生产。

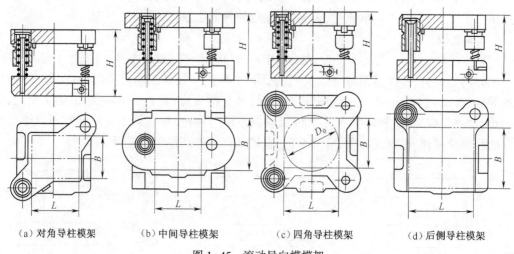

（a）对角导柱模架　　　（b）中间导柱模架　　　（c）四角导柱模架　　　（d）后侧导柱模架

图 1-45　滚动导向模模架

后侧导柱模架的特点是导向装置在后侧,横向和纵向送料都比较方便,但假如有偏心载荷,压力机导向又不精确,就会造成上模歪斜,导向装置和凸、凹模都容易磨损,从而影响模具寿命,此模架一般用于较小的冲模。

2. 模座参数的确定

模座已标准化,模座可查附录表-27~附录表-30选用,在选用时应考虑如下几点。

(1)所选用的模座的凹模周界尺寸($L×B$)应与凹模的周界尺寸一致,模座的厚度一般为凹模板厚度的1.0~1.5倍,以保证有足够的强度和刚度。

(2)所选用的模座必须与所选压力机的工作台和滑块的有关尺寸相适应,并进行必要的校核。下模座的最小轮廓尺寸,应比压力机工作台上漏料孔的尺寸每边至少要大40~50 mm。下模座的最大轮廓尺寸比所选压力机的工作台尺寸每边至少要小40~50 mm,以便安装、固定。

二、导柱及导套的类型、参数

1. 导柱、导套类型

图1-46所示为标准导柱结构形式,图1-47所示为标准导套结构形式。

A型、B型、C型导柱结构简单、制造方便,但与模座为过盈配合,装拆麻烦。A型和B型可卸导柱与衬套为锥度配合并用螺钉和垫圈紧固;衬套又与模座以过渡配合并用压板和螺钉紧固,其结构复杂,制造麻烦,但装拆更换容易。

A型导柱、B型导柱和A型可卸导柱一般与A型或B型导套配套用于滑动导向,导柱导套按H7/h6或H7/h5配合。其配合间隙必须小于冲裁间隙,冲裁间隙小的一般应按H6/h5配合,间隙较大的按H7/h6配合。C型导柱和B型可卸导柱公差和表面粗糙度较小,与用压板固定的C型导套配套,用于滚珠导向。压圈固定导柱与压圈固定导套的尺寸较大,可用于大型模具,拆装方便。导套用压板固定或压圈固定时,导套与模座为过渡配合,避免了用过盈配合而产生对导套内孔尺寸的影响,这是精密导向的要求。

A型和B型小导柱与小导套配套使用,一般用于卸料板导向等结构上。

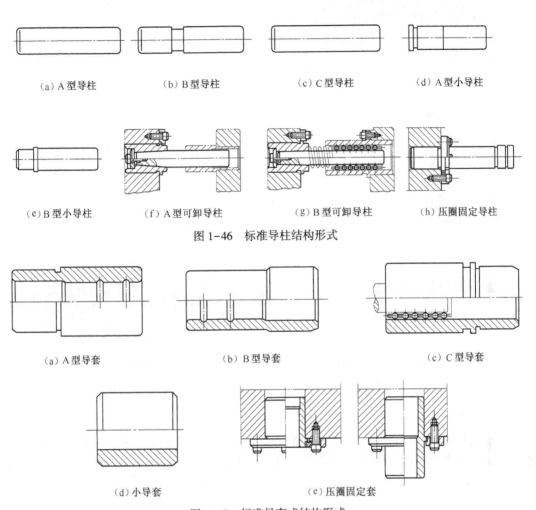

(a) A型导柱　　(b) B型导柱　　(c) C型导柱　　(d) A型小导柱

(e) B型小导柱　　(f) A型可卸导柱　　(g) B型可卸导柱　　(h) 压圈固定导柱

图 1-46　标准导柱结构形式

(a) A型导套　　　　(b) B型导套　　　　(c) C型导套

(d) 小导套　　　　(e) 压圈固定套

图 1-47　标准导套式结构形式

2. 导柱参数

导柱直径 d 根据下模座导柱安装孔直径确定,导柱的长度 L 应保证在模具最小闭合高度时,导柱上端面与上模座的上平面的距离应为 10~15 mm,下模座的下平面与导柱下端面的距离应为 2~3 mm,如图 1-48 所示。

对于冲裁模,如图 1-49 所示,模具的闭合高度 H 按式(1-35)计算,导柱的长度按式(1-36)计算:

$$H = h_1 + h_2 + h_3 + h_4 + h_5 - \Delta \qquad (1-35)$$
$$L = H - (2 \sim 3) - (10 \sim 15) \qquad (1-36)$$

式中:H——模具闭合高度;

$\quad h_1$——上模座的厚度;

$\quad h_2$——下模座的厚度;

$\quad h_3$——凹模板的厚度;

$\quad h_4$——凸模的长度;

h_5——凸模垫板厚度;

Δ——凸模刃口进入凹模刃口的深度,一般取 $\Delta = 0.5 \sim 1 \text{ mm}$;

L——导柱长度。

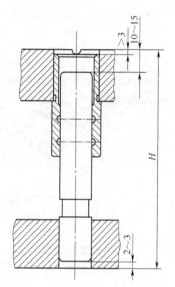 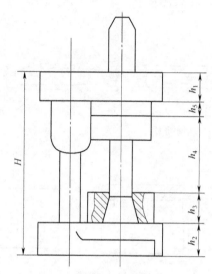

图 1-48　上下模板与导套、导柱装配关系　　　　图 1-49　冲裁模具闭合高度计算

导柱已标准化,根据导柱直径 d,长度 L 查附录表-31 选取。

3. 导套参数

导套已标准化,结构及参数如图 1-50 所示。选购时,导套内径 d 根据导柱外径确定,导套外径 D 根据模座导套安装孔直径确定,导套的长度 H 应小于上模座厚度 3 mm 以上,导套长度 L 可参考表 1-21 取值,根据这些参数查附录表-33 选取导套。

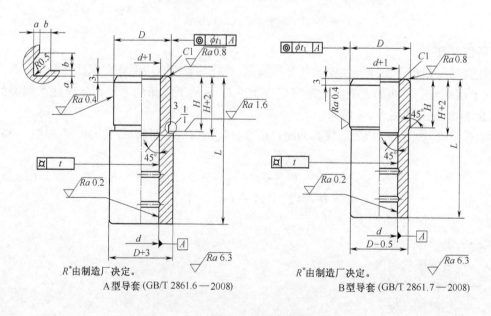

图 1-50　导套参数

表 1-21　导套长度 *L*

导柱直径 *d* /mm	25	28	32	36
导套长度 *L* /mm	55	60	70	80

任务实施

1. 模座的选用

采用滑导向、后侧导柱标准铸铁模架,根据凹模周界尺寸及厚度,查附录表-27,初定下模座参数为 125 mm×125 mm×35 mm,上模座参数为 125 mm×125 mm×35 mm。

2. 导柱、导套的选取

根据式(1-36)可确定导柱长度: $L = 165 - (2\sim3) - (10\sim15) = 147\sim153$ mm,根据下模座导柱孔直径可确定导柱直径为 $\phi22$ mm,查附录表-31 选取导柱为:

导柱　B22h5×150×45 GB/T 2861.1—2008。

3. 导套的选取

根据模座厚度、模座导套孔直径及导柱参数,查附录表-32 选取的导套为:

导套　A22H6×70×28 GB/T 2861.6—2008。

任务十　连接与固定零件设计

任务目标

(1)了解固定板、垫板的作用、类型、参数。

(2)了解模柄、螺钉、销钉的作用、类型、参数。

(3)掌握固定板、垫板的选用方法。

(4)掌握模柄、螺钉、销钉的选用方法。

(5)会选用固定板、垫板。

(6)会选用模柄、螺钉、销钉。

任务描述

(1)确定凸模、凸凹模固定板及垫板尺寸。

(2)确定模柄型号、参数。

(3)确定螺钉、销钉型号参数。

相关知识

1. 固定板

固定板主要用于固定小型的凸模、凹模及凸凹模。将凸模或凹模按一定相对位置压入固定板后,作为一个整体安装在上模座或下模座上。固定板分为圆形固定板和矩型固定板两种。

固定板的厚度按凹模厚度的 0.6~0.8 确定,一般取 16~20 mm,如果冲压材料厚度在 3 mm 以上,固定板也可取 25 mm。

固定板已标准化,可根据厚度和轮廓尺寸查附录表-15、附录表-16选用标准固定板。

2. 垫板

垫板的作用是直接承受凸模的压力,以降低模座所受的压应力,防止模座被局部压陷。凸模端面对模座的压应力可按式(1-37)计算:

$$p = \frac{F_z}{A} \tag{1-37}$$

式中:p——凸模端面对模座的压应力(MPa);

F_z——凸模承受的总压力(N);

A——凸模头部端面支承面积(mm²)。

当 p 大于模座材料的许用压应力时,就需要加垫板;反之则不需要加垫板。模座的许用压应力见表1-22。

垫板的厚度一般取6~12 mm,垫板已标准化,根据垫板厚度和轮廓尺寸查附录表-15、附录表-16选取标准垫板。

表 1-22 模座材料的许用压应力

模板材料	$[\sigma_{bc}]$/MPa
铸铁 HT250	90~140
铸钢 ZG310-570	110~150

3. 模柄

小型模具的上模座一般采用模柄与压力机滑块连接,模柄类型如图1-51所示。

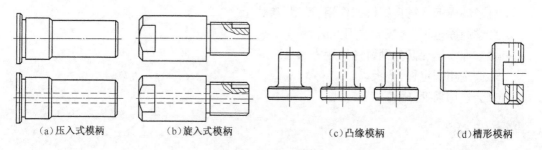

（a）压入式模柄　　　（b）旋入式模柄　　　（c）凸缘模柄　　　（d）槽形模柄

图 1-51 冷冲模模柄

(1)图1-51(a)所示为压入式模柄,这种模柄可较好保证轴线与上模座的垂直度,适用于各种中、小型冲模,在生产中最常见,模柄与模座孔采用 H7/m6 或 H7/h6 配合,并可加销钉以防转动。

(2)图1-51(b)所示为旋入式模柄,可通过螺纹与上模座连接,并加螺丝防止松动。这种模柄拆装方便,但模柄与上模座的垂直度较差,多用于各种中、小型冲模。

(3)图1-51(c)所示为凸缘模柄,用3~4个螺钉紧固于上模座,模柄的凸缘与上模座的窝孔采用 H7/js6 过渡配合,多用于较大型的模具。

(4)图1-51(d)所示为槽形模柄,一般用于弯曲模具。

可根据所用压力机的滑块孔尺寸确定模柄的直径和长度。

$$D_{模柄直径} = D_{滑块孔的直径} \qquad (1-38)$$
$$L_{模柄长度} = H_{滑块孔的深度} - 10 \sim 15(\text{mm}) \qquad (1-39)$$

根据计算出的模柄直径和长度值查附录表-33~表-35选取标准模柄。

4. 螺钉、销钉

(1)内六角螺钉选用

冲模模板固定一般选用内六角螺钉。螺钉规格及间距参考表1-23。螺钉通过孔的尺寸参考表1-24。螺钉旋进的最小深度如图1-52所示。

(2)圆柱销钉选用

小型模具一般选用两个圆柱销钉对模板进行定位连接。销钉的直径可按同一个组合中的螺钉直径选取,销钉孔位置可参考表1-23,长度选用标准系列,配合长度参考图1-52。

表1-23 模板紧固螺钉孔及销孔的配置尺寸　　　　　　　　单位:mm

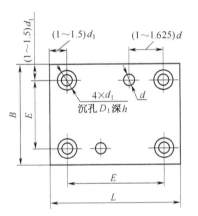
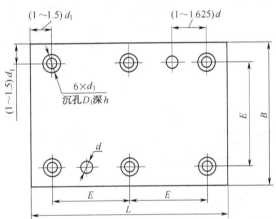

宽度尺寸 B	长度尺寸 L	厚度	紧固螺钉孔 d_1	(B与L方向)孔数	定位销尺寸 d	紧固螺孔间距极限值 E	
						最大	最小
75	90,125	22	M8	B方向2,L方向2	与螺孔尺寸 d_1相同,取H6/m6 或 H7/n6 配合,数目为2个	95	35
100	100,125	22	M8	B方向2,L方向2		120	63
100	150		M10	B方向2,L方向2		120	63
100	175,200	27	M10	B方向2,L方向3		120	63
125	125,150	22	M10	B方向2,L方向2		120	60
125	200,250	27	M10	B方向2,L方向3		120	60
150	200,250	32	M12	B方向2,L方向3		140	80
175	280	32	M12	B方向2,L方向3		140	80

注:如模板上加工通孔及沉孔,则按螺孔尺寸选标准尺寸。

表 1-24　螺钉规格及相对应模板开孔尺寸　　　　　　　　　单位:mm

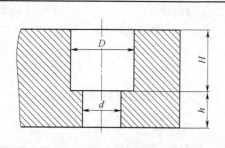

通过孔尺寸	螺钉				
	M6	M8	M10	M12	M16
D	11	14	17	19	25
H	8	10	12	14	18
d	7	9	11	13	17
h_{min}	3	4	5	6	8
h_{max}	25	35	45	55	75

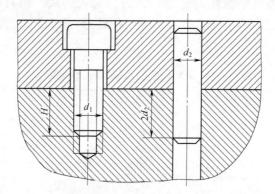

对于钢 $H=d_1$,对于铸铁 $H=1.5d_1$

图 1-52　螺钉装配尺寸

任务实施

1. 连接与固定零件的设计

连接与固定零件的设计过程如下:

(1)冲孔凸模固定板尺寸

厚度取为 14 mm,平面尺寸与落料凹模外形尺寸相同,查附录表-15 可确定冲孔凸模固定板的结构尺寸为 125 mm×125 mm×14 mm。

(2)上垫板尺寸

上垫板厚度取 6 mm,平面尺寸与落料凹模外形尺寸相同,查附录表-15 可确定上垫板的结构尺寸为 125 mm×125 mm×6 mm。

(3)下垫板尺寸

下垫板厚度取 8 mm,平面尺寸与落料凹模外形尺寸相同,查附录表-15 可确定下垫板的结构尺寸为 125 mm×125 mm×8 mm。

(4)凸凹模固定板尺寸

凸凹模固定板厚度取 16 mm,平面尺寸与落料凹模外形尺寸相同,查附录表-15 可确定凸凹模固定板的结构尺寸为 125 mm×125 mm×16 mm。

(5)模柄型号、参数

根据压力机滑块的模柄孔尺寸及上模座厚度值,查附录表-33,选用 B 型压入式模柄,模柄规格为 B40×90　JB/T7646.1—2008。

（6）螺钉、销钉

螺钉、销钉的规格参考表1-23确定。

凸模固定板固定：2×螺钉M10×40，2×销钉ϕ10 mm×40 mm。

凹模固定板固定：4×螺钉M10×65，2×销钉ϕ10 mm×60 mm。

凸凹模固定：螺钉M8×25。

凸凹模固定板固定：4×螺钉M10×45，2×销钉ϕ10 mm×40 mm。

参考附录表-33确定模柄止转销规格：销钉ϕ6 mm×10 mm。

2. 模具闭合高度计算

模具闭合时各模板尺寸关系如图1-53所示。

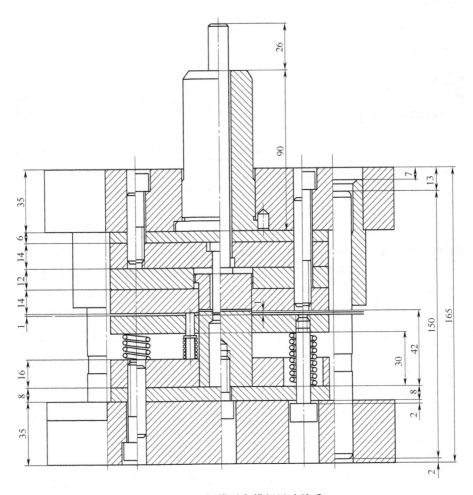

图1-53 闭模时各模板尺寸关系

根据图1-53可确定闭模高度为：

$$H=(35+6+14+12+14)+(42-1)+8+35=165(\text{mm})。$$

因为压力机最大闭合高度为270 mm，连杆调节量为50 mm，在模座下增加垫脚，所选压力机就可满足模具闭合高度要求。

任务十一 模具零件图、装配图绘制

任务目标

(1)了解模具零件图、装配图的作用、标注要求。

(2)掌握模具零件图、装配图的绘制方法。

(3)会正确绘制模具零件图、装配图。

任务描述

(1)试绘制模具零件图。

(2)试绘制模具装配图。

相关知识

一、模具零件图绘制

对于不需要二次加工的标准件,只要在模具装配图材料表中标出其代号,不需要绘出零件图,而对于其他零件,应逐个绘制出完整的零件图。

模具零件图是模具零件加工的依据,绘制时应包括制造和检验的全部内容。

1. 视图

视图应充分、准确地表示出零件内、外部的结构形状和尺寸大小。

2. 制造和检验数据

尺寸完备,不重复。正确选择尺寸基准,尽量避免因基准不重合而出现尺寸误差。零件图的方位尽量与其在装配图中的方位一致,不要任意旋转和颠倒,以免画错。

3. 尺寸公差、形位公差和表面粗糙度

对于功能尺寸,如凸、凹刃口尺寸,其尺寸公差由刃口尺寸公差计算公式计算确定;对于配合尺寸,如凸模固定板与凸模的配合尺寸公差、压入式模柄与上模座的配合尺寸公差等,查附录表-5确定;对于自由尺寸,如模板轮廓尺寸等,因其尺寸对装配及工件精度均无影响,可不标住公差;零件的表面粗糙度查附录表-4确定。

对于凸模、凹模及其固定板应标注平行度、垂直度,对圆形凸模、凹模及其固定板还应标注同轴度形位公差。

4. 技术要求

技术要求包括对材质的要求、热处理方法及热处理表面应达到的硬度要求,未注倒圆角半径的说明等。

二、模具装配图绘制

1. 装配图的作图状态,绘图比例

冲模装配图一般画合模的工作状态,这有助于校核各模具零件之间的相互关系,装配图一般采用1:1的比例,这样直观性好。

2. 图面布置及绘图内容

如图 1-54 所示,位置①处布置模具的主视图。

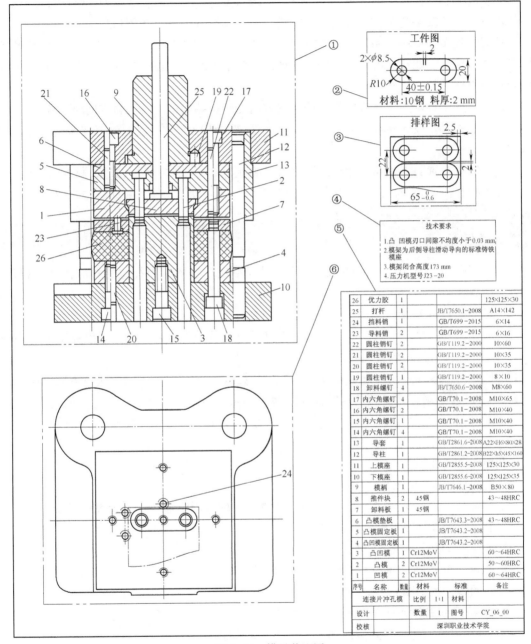

图 1-54　模具装配图

26	优力胶	1		125×125×30
25	打杆	1	JB/T7650.1-2008	A14×142
24	挡料销	1	GB/T699-2015	6×14
23	导料销	2	GB/T699-2015	6×16
22	圆柱销钉	2	GB/T119.2-2000	10×60
21	圆柱销钉	2	GB/T119.2-2000	10×35
20	圆柱销钉	2	GB/T119.2-2000	10×35
19	圆柱销钉	2	GB/T119.2-2000	8×10
18	卸料螺钉	4	JB/T7650.6-2008	M8×60
17	内六角螺钉	4	GB/T70.1-2008	M10×65
16	内六角螺钉	2	GB/T70.1-2008	M10×40
15	内六角螺钉	2	GB/T70.1-2008	M10×40
14	内六角螺钉	4	GB/T70.1-2008	M10×40
13	导套	1	GB/T2861.6-2008	A22×H6×80×28
12	导柱	1	GB/T2861.1-2008	B22×b5×45×160
11	上模座	1	GB/T2855.5-2008	125×125×30
10	下模座	1	GB/T2855.6-2008	125×125×35
9	模柄	1	JB/T7646.1-2008	B50×80
8	推件块	2	45钢	43~48HRC
7	卸料板	1	45钢	
6	凸模垫板	1	JB/T7643.3-2008	43~48HRC
5	凸模固定板	1	JB/T7643.2-2008	
4	凸凹模固定板	1	JB/T7643.2-2008	
3	凸凹模	1	Cr12MoV	60~64HRC
2	凸模	2	Cr12MoV	50~60HRC
1	凹模	2	Cr12MoV	60~64HRC
序号	名称	数量	材料 标准	备注

连接片冲孔模		比例	1:1	材料	
设计		数量	1	图号	CY_06_00
校核		深圳职业技术学院			

工件图
$2×\phi 8.5$　$R10$　$40±0.15$　20　2
材料:10钢　料厚:2 mm

排样图
2.5　22　$65^{0}_{-0.6}$　2

技术要求
1. 凸、凹模刃口间隙不均度小于0.03 mm。
2. 模架为后侧导柱滑动导向的标准铸铁模座。
3. 模架闭合高度173 mm。
4. 压力机型号J23-20。

主视图剖面的选择,应重点反映凸模的固定,凸模刃口的形状、模柄与上模座间的安装关系、凹模的刃口形状、漏料孔的形状、各模板间的安装关系(即螺钉、销钉如何安装)导向系统与模座安装关系(即导柱与下模座,导套与上模座的装配关系)等。

在剖视图中剖切到的凸模和顶件块等旋转体时,其剖面不画剖面线。有时为了图面结构清晰,非旋转形的凸模也可以不画剖面线。条料或工件轮廓涂黑(涂红),或用双点画线表示。

位置⑥处布置模具的俯视图。只画下模部分的结构形状,重点反映凹模的刃口形状及下模部分零件的安装情况,如导料板、挡料销、螺钉、销钉等的平面布置情况。

位置②处布置冲压产品图。在冲压产品图的右方或下方标注冲压件的名称、材料及料厚等参数。对于不能在一道工序内完成的产品,装配图上应将该道工序图画出,并且还要标注与本道工序有关的尺寸。

位置③处布置排样图。排样图上的送料方向与模具结构图上的送料方向应一致。

位置④处布置技术要求。如模具的闭合高度、标准模架型号、装配要求和所用的冲压设备型号等。

位置⑤处布置明细表及标题栏。明细表至少应有序号、零件名称、数量、材料、标准代号和备注等栏目。备注一栏主要填写热处理要求、外购或外加工等内容,标题栏主要填写模具名称、作图比例及签名等内容。

任务实施

按以下顺序,绘制零件图与装配图,绘制过程中应注意各模板孔位的对应,零件图与装配图的一致性。

1. 凹模零件图的绘制

①凹模的外形尺寸、刃口尺寸及公差按前述设计计算结果确定,表面粗糙度可查附录表-4确定,凹模材料及热处理要求查附录表-3确定。

②凹模与上模座连接的螺钉孔及销孔位置及数量:根据表1-23确定送料方向两螺孔间距为95 mm,与送料方向垂直的两螺孔间距为95 mm。

查附录表-5,可确定ϕ10销孔的配合公差为H7/n6,查附录表-7,可确定销孔尺寸公差$\phi 10^{+0.015}_{0}$ mm,销孔错开布置。

凹模零件图如图CY_01_01。

2. 空心垫板零件图的绘制

空心垫板主要为安装推块而设,与推件块部分的配合间隙通过查附录表-5确定。

空心垫板的零件图如图CY_01_06。

3. 推块零件图的绘制

根据附录表-5确定推件块与各配合零件的间隙。

推块的零件图如图CY_01_09。

4. 凸模、凸模固定板、上模垫板的零件图的绘制

①凸模:刃口尺寸及公差按前述设计计算结果确定。

②凸模固定板:根据表1-23布置凸模固定板的螺钉孔及销孔,2个M10的螺钉孔距为95 mm;4个ϕ10销孔位置要与凹模板上的销孔、上模座上的销孔位置对应;打杆过孔尺寸根据打杆尺寸确定。

③上垫板:上垫板上的螺钉通孔、销钉孔的位置、尺寸应与凸模固定板上的螺钉孔、销钉孔相对应。

凸模零件如图 CY_01_02,凸模固定板零件如图 CY_01_07,上垫板零件如图 CY_01_05。

5. 上模座零件图的绘制

上模座属标准件,轮廓尺寸见附录表-27,详细设计阶段只需确定螺钉通孔、销钉孔、模柄安装孔的位置及尺寸。

上模座零件见图 CY_01_12。

6. 模柄零件图的绘制

模柄属标准件,结构、尺寸、材料要求见附录表-33。

模柄一般需自行加工,模柄零件如图 CY_01_11。

7. 凸凹模零件图的绘制

凸凹模的外形尺寸、刃口尺寸及公差按前述设计计算结果确定,冲孔凹模刃口结构参考图 1-30 进行设计。

凸凹模的零件如图 CY_01_03。

8. 凸凹模固定板零件图的绘制

凸凹模固定板与凸凹模配合部分尺寸公差参考附录表-5 确定,根据表 1-23,可确定送料方向螺孔间距为 95 mm,与送料方向垂直方向的螺孔间距为 95 mm。弹簧过孔尺寸参考附录表-10 确定。

凸凹模固定板的零件如图 CY_01_10。

9. 卸料板零件图的绘制

与凸凹模配合部分尺寸由附录表-5 确定。

根据挡料销的规格确定弹簧弹顶挡料销孔为 $\phi6$ mm 的通孔;查附录表-5,可确定活动挡料销孔的配合公差为 H9/h8,查附录表-7,可确定固定挡料销孔尺寸公差 $\phi6^{+0.03}_{0}$;根据两工件间的搭边值(2.0 mm)及弹簧弹顶挡料销直径($\phi6$ mm)确定弹簧弹顶挡料销孔中心到卸料板中心的距离为 17 mm,按同样方法可确定活动导料销到卸料板的中心距离为 38 mm。

卸料板零件图如图 CY_01_08。

10. 下垫板零件图的绘制

下垫板上的螺钉通孔、销钉孔的位置、尺寸应与凸凹模固定板上的螺钉孔、销钉孔相对应。下垫板上卸料螺钉过孔尺寸参考表 1-19 进行设计。

下垫板零件如图 CY_01_04。

11. 下模座零件图的绘制

下模座属标准件、轮廓尺寸见附录表-27,绘制零件图时只需布置凸凹模固定螺钉过孔、卸料螺钉过孔、下垫板固定螺钉过孔、销钉孔的位置及尺寸。

下模座零件图见附图 CY_01_12。

12. 装配图的绘制

在绘制模具装配图过程中要注意检查各个零件的配合尺寸是否正确,发现问题时,应重新修改零件图。

模具装配图如图 CY_01_00。

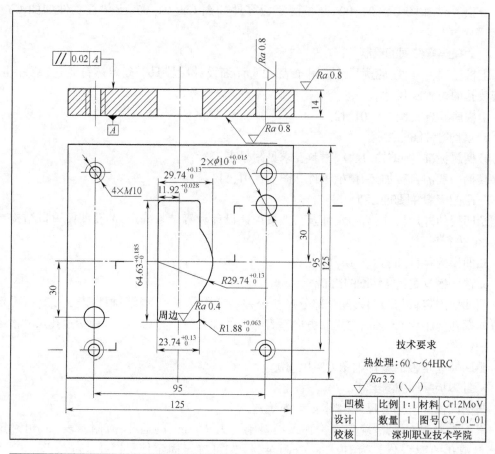

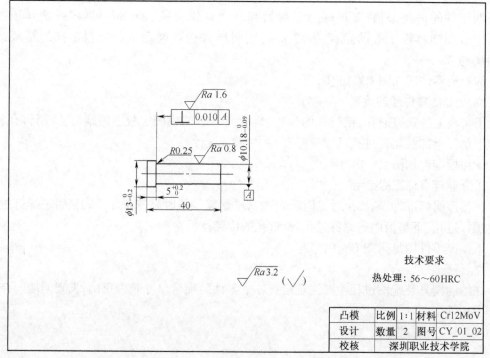

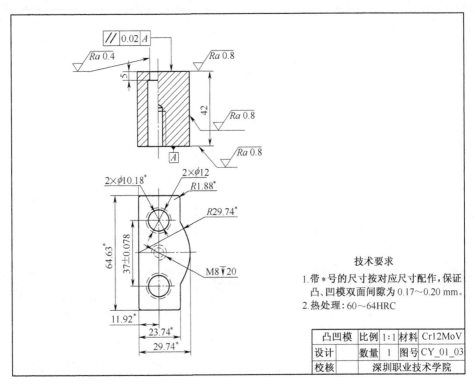

技术要求
1. 带*号的尺寸按对应尺寸配作，保证
凸、凹模双面间隙为 0.17～0.20 mm。
2. 热处理：60～64HRC

凸凹模	比例	1:1	材料	Cr12MoV
设计	数量	1	图号	CY_01_03
校核		深圳职业技术学院		

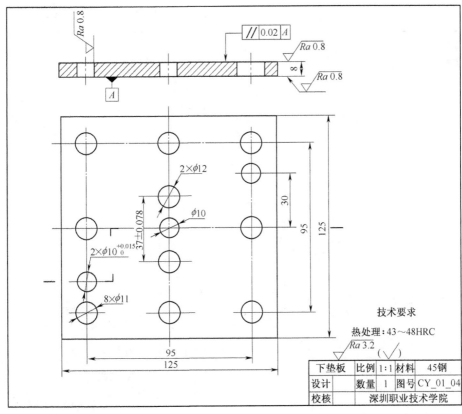

技术要求

热处理：43～48HRC

下垫板	比例	1:1	材料	45钢
设计	数量	1	图号	CY_01_04
校核		深圳职业技术学院		

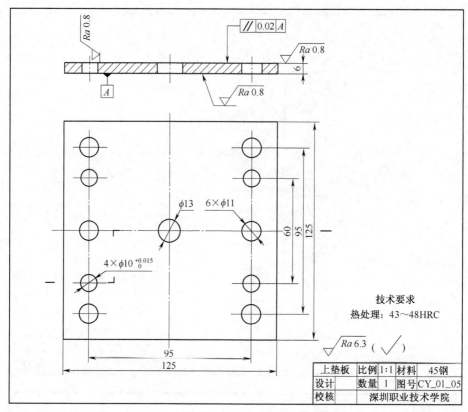

技术要求
热处理：43～48HRC

上垫板	比例	1:1	材料	45钢
设计	数量	1	图号	CY_01_05
校核		深圳职业技术学院		

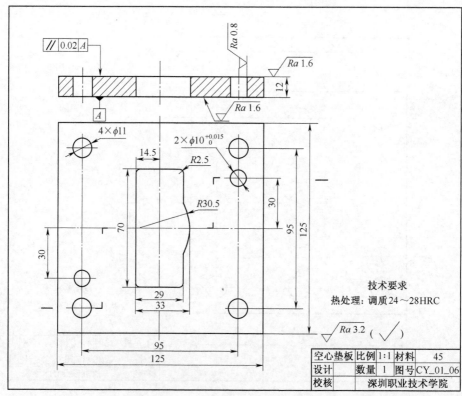

技术要求
热处理：调质24～28HRC

空心垫板	比例	1:1	材料	45
设计	数量	1	图号	CY_01_06
校核		深圳职业技术学院		

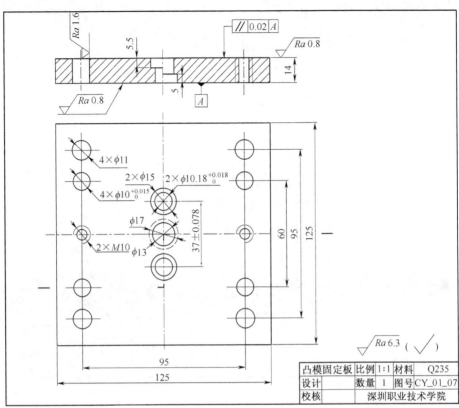

凸模固定板		比例	1:1	材料	Q235
设计		数量	1	图号	CY_01_07
校核		深圳职业技术学院			

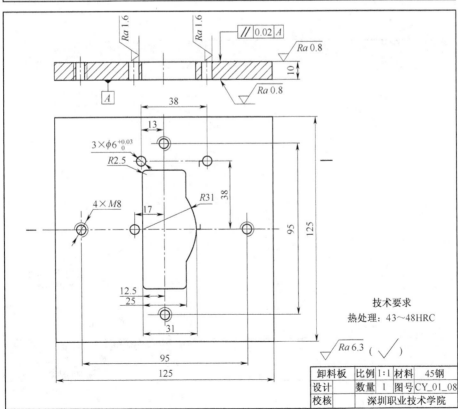

技术要求

热处理：43～48HRC

卸料板		比例	1:1	材料	45钢
设计		数量	1	图号	CY_01_08
校核		深圳职业技术学院			

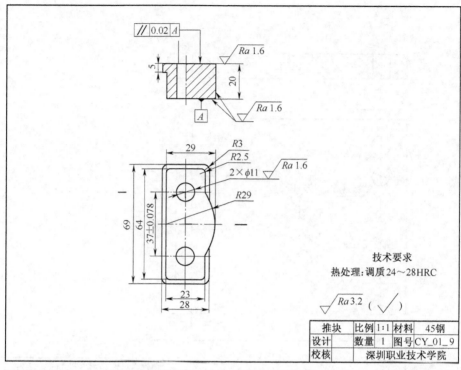

技术要求

热处理：调质24～28HRC

$\sqrt{Ra\,3.2}$ ($\sqrt{}$)

推块	比例1:1	材料	45钢
设计	数量 1	图号	CY_01_9
校核		深圳职业技术学院	

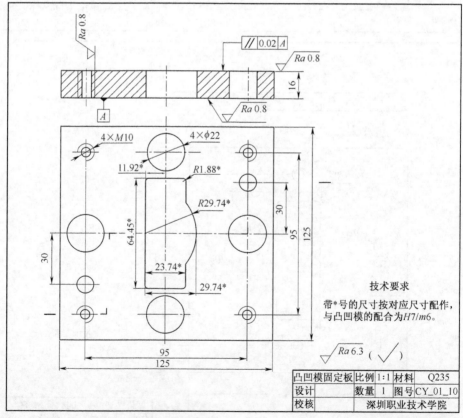

技术要求

带*号的尺寸按对应尺寸配作，
与凸凹模的配合为H7/m6。

$\sqrt{Ra\,6.3}$ ($\sqrt{}$)

凸凹模固定板	比例1:1	材料	Q235
设计	数量 1	图号	CY_01_10
校核		深圳职业技术学院	

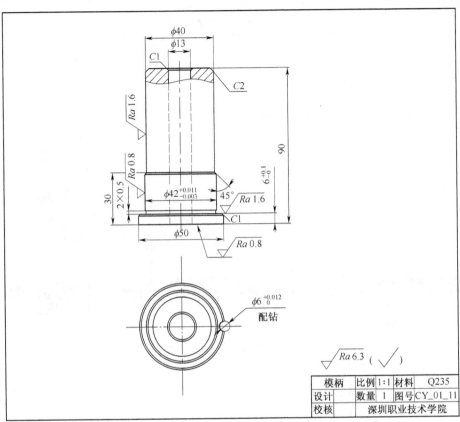

模柄	比例	1:1	材料	Q235
设计		数量	1	图号 CY_01_11
校核		深圳职业技术学院		

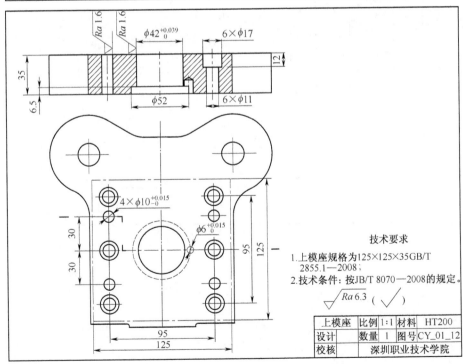

技术要求

1. 上模座规格为125×125×35GB/T 2855.1—2008；
2. 技术条件：按JB/T 8070—2008的规定。

$\sqrt{Ra\,6.3}$ ($\sqrt{}$)

上模座	比例	1:1	材料	HT200
设计		数量	1	图号 CY_01_12
校核		深圳职业技术学院		

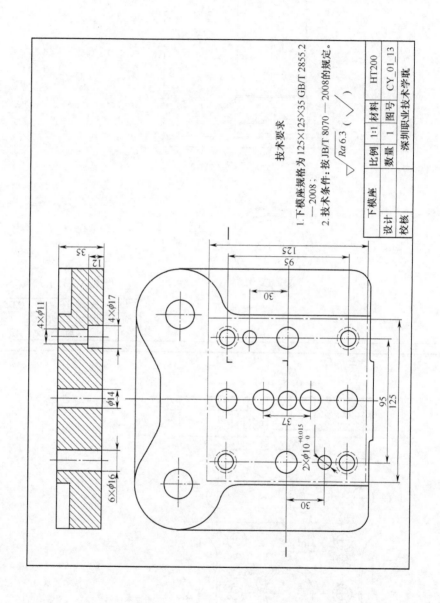

技术要求

1. 下模座规格为125×125×35 GB/T 2855.2 —2008；
2. 技术条件：按JB/T 8070—2008的规定。

$\sqrt{Ra\,6.3}$ ($\checkmark$)

下模座		比例	1:1	材料	HT200
设计		数量	1	图号	CY_01_13
校核				深圳职业技术学院	

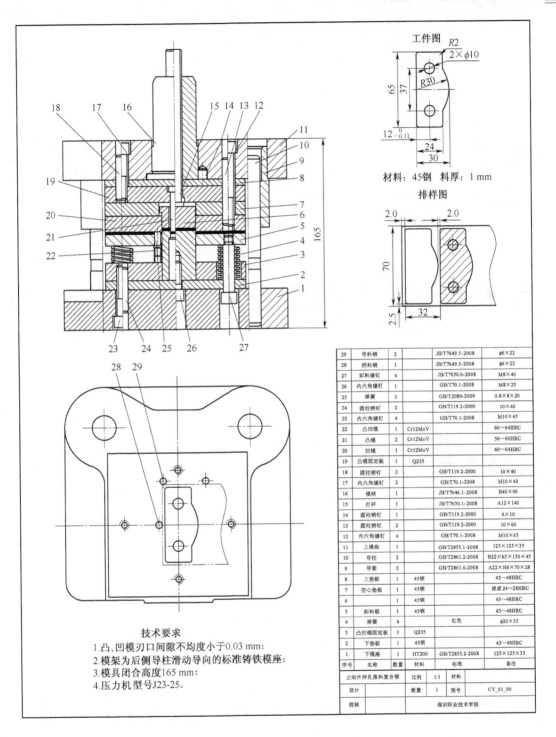

工件图

R2
2×φ10
65 37
R30
12 0 -0.11
24
30

材料：45钢 料厚：1 mm

排样图

2.0 2.0
70
2.5 32

技术要求
1.凸、凹模刃口间隙不均度小于0.03 mm；
2.模架为后侧导柱滑动导向的标准铸铁模座；
3.模具闭合高度165 mm；
4.压力机型号J23-25。

序号	名称	数量	材料	标准	备注
29	导料销	2		JB/T7649.5-2008	φ6×22
28	挡料销	1		JB/T7649.5-2008	φ6×22
27	卸料螺钉	4		JB/T7650.6-2008	M8×40
26	内六角螺钉	1		GB/T70.1-2008	M8×25
25	弹簧	3		GB/T2089-2009	0.8×8×20
24	圆柱销钉	1		GB/T119.2-2000	10×40
23	内六角螺钉	4		GB/T70.1-2008	M10×45
22	凸凹模	1	Cr12MoV		60~64HRC
21	凸模	2	Cr12MoV		56~60HRC
20	凹模	1	Cr12MoV		60~64HRC
19	凸模固定板	1	Q235		
18	圆柱销钉	2		GB/T119.2-2000	10×40
17	内六角螺钉	2		GB/T70.1-2008	M10×40
16	模柄	1		JB/T7646.1-2008	B40×90
15	打杆	1		JB/T7650.1-2008	A12×140
14	圆柱销钉	1		GB/T119.2-2000	6×10
13	圆柱销钉	2		GB/T119.2-2000	10×60
12	内六角螺钉	4		GB/T70.1-2008	M10×65
11	上模座	1		GB/T2855.1-2008	125×125×35
10	导柱	2		GB/T2861.2-2008	B22×h5×150×45
9	导套	2		GB/T2861.6-2008	A22×H6×70×28
8	上垫板	1	45钢		43~48HRC
7	空心垫板	1	45钢		调质24~28HRC
6		1	45钢		43~48HRC
5	卸料板	1	45钢		43~48HRC
4	弹簧	4	红色		φ20×35
3	凸凹模固定板	1	Q235		
2	下垫板	1	45钢		43~48HRC
1	下模座	1	HT200	GB/T2855.2-2008	125×125×35

止动片冲孔落料复合模 比例 1:1 材料
设计 数量 1 图号 CY_01_00
校核 深圳职业技术学院

技 能 训 练

深 圳 职 业 技 术 学 院
shenzhen　polytechnic
实 训(验)项 目 单
Training　Item

编制部门 Dept.：模具设计制造教研室　　　　编制 Name：匡和碧　　　　编制日期 Date：2016-05

项目编号 Item No.	CY001	项目名称 Item	冲孔落料复合模设计	训练对象 Class	三年制	学时 Time	16
课程名称 Course	冲压模具设计		教材 Textbook	冲压模具设计-项目式教程			
目　的 Objective	通过本项目的实训掌握复合冲裁模设计方法及步骤						

<table>
<tr><td colspan="8" align="center">实训(验)内容(Content)</td></tr>
<tr><td colspan="8" align="center">冲孔落料复合模设计</td></tr>
</table>

1. 图样及技术要求	零件名称：链板 材料：45 钢，厚度 1.0 mm 生产批量：大批量 零件图：如图 1-55 所示 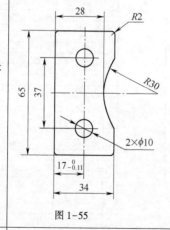 图 1-55
2. 生产工作要求	手工送料，大批量，毛刺不大于 0.12 mm
3. 任务要求	相关计算说明及绘图均在 AutoCAD 中完成
4. 完成任务的思路	参照教材中的任务顺序，依次完成模具设计的各项工作，在设计过程中掌握相关的知识技能

理 论 考 核

一、填空题(每题 2.5 分,共 40 分)

1. 冲压工艺概括起来,可分为分离工序和变形工序两大类,分离工序包括_____、_____、_____等工序;变形工序包括_____、_____、_____、_____等工序。

2. 根据冲压工艺性质的不同,冲压模具可分为_____、_____、_____、_____类型。根据工序组合方式的不同,冲压模具可分为_____、_____、_____等类型。

3. 普通冲裁所得工件的断面明显地分为 4 个特征区,即_____、_____、_____、_____。

4. 冲裁模工作零件刃口尺寸计算时,落料以_____为基准,冲孔以_____为基准。

5. 根据产品形状的不同,排样方式可分为_____、_____、_____、_____、_____、_____ 6 种。

6. 冲裁件之间及冲裁件与条料侧边之间留下的余料称作_____。它能补偿条料送进时的定位误差和下料误差,确保_____。

7. 条料在模具上每次送进的距离称为_____。

8. 模具总的冲压力的作用点称为_____。

9. 模具闭合高度,是指_____。

10. 模具只有一个工位,在压力机的一次行程中,只完成一道冲压工序的模具称为_____;在同一工位同时完成几道工序的模具称为_____。

11. 圆形凸模是指刃口形状为圆形的凸模,一般采用_____固定;异形凸模是指非圆形刃口凸模,一般采用_____或_____固定。

12. 圆形凹模刃口的结构形式有_____、_____、_____、_____、_____ 5 种;非圆形凹模刃口结构只有_____一种形式。

13. 凸凹模是冲模当中一个特殊零件,其内形刃口起_____作用,外形起_____作用。

14. 凹模常用材料为_____、热处理要求是_____。

15. 根据荷重不同,弹簧分为_____、_____、_____、_____、_____ 5 种,对应颜色分别为_____、_____、_____、_____、_____。

16. 卸料、顶料优先选用_____或_____弹簧,复合模外脱料板用_____弹簧,内脱料板用_____或_____弹簧。

二、简答题(每题 20 分,共 60 分)

1. 按下表所列项目对单工序模、复合模、连续模的特点进行比较。

模具种类 / 对比项目	单工序模	连续模	复合模
制件精度			
制件形状尺寸			
生产效率			
模具制造工作量和成本			
操作的安全性			
自动化的可能性			

2. 冲裁件的形状设计有哪些要求？

3. 冲裁模凸、凹刃口尺寸计算原则有哪些？

项目二 V形支架弯曲模设计

知识目标

1. 了解弯曲变形的过程、特点。
2. 了解弯曲工艺的主要质量问题及控制方法。
3. 熟悉弯曲模具设计规范。
4. 掌握弯曲模具设计方法。

能力目标

1. 熟练进行弯曲件展开尺寸(毛坯尺寸)计算。
2. 熟练进行弯曲力计算并合理选用冲压设备。
3. 熟练进行弯曲回弹分析计算。
4. 熟练进行弯曲模凸、凹模工作部分尺寸计算。
5. 熟练进行弯曲模具结构设计。
6. 熟练进行弯曲模凸、凹模零件设计。
7. 熟练进行定位零件设计。

素养目标

1. 在了解弯曲模具工作原理过程中培养冲压安全意识。
2. 在弯曲件展开尺寸计算、回弹分析过程中培养严谨工作的职业态度。
3. 在弯曲方案设计过程中培养职业道德。
4. 在弯曲模具结构设计过程中培养合作意识。
5. 在弯曲模零部件设计过程中培养产品质量意识。

任务一 弯曲工艺分析

任务目标

(1)了解弯曲变形过程及特点。
(2)了解弯曲工艺质量控制方法。
(3)掌握弯曲件结构工艺设计规范。
(4)会分析零件的弯曲工艺。

任务描述

从尺寸、结构、材料、批量四方面对图 2-1 所示零件的弯曲工艺进行分析。

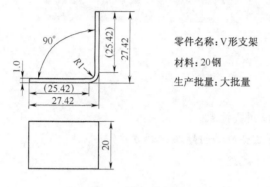

零件名称：V形支架

材料：20钢

生产批量：大批量

图 2-1 V 形支架

相关知识

一、弯曲基本概念

1. 弯曲变形过程

图 2-2 所示为板料压弯成 V 形件的变形过程。

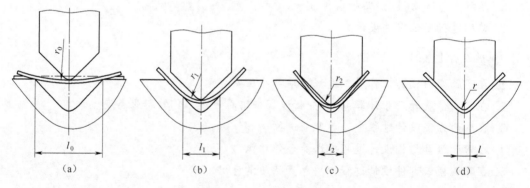

图 2-2 弯曲变形过程

如图 2-2(a)所示，在弯曲开始阶段，当凸模下行与板料接触时，在接触部分便加上了集中载荷，此载荷与对毛坯起支撑作用的凹模肩部的支撑力构成弯矩，使毛坯产生弯曲。

随着凸模的下行，毛坯与凹模工作表面逐渐靠紧，弯曲半径由 r_0 变为 r_1，弯曲力臂也由 $l_0/2$ 变为 $l_1/2$，如图 2-2(b)所示。

凸模继续下行，毛坯弯曲半径继续减小，直到毛坯与凸模三点接触，此时弯曲半径已由 r_1 变为 r_2，毛坯的直边部分开始向回弯曲，逐步贴向凹模工作表面，如图 2-2(c)所示。

到凸模行程终了时，凸、凹模对毛坯进行校正，使其圆角、直边与凸模全部贴合，最终形成 V 形弯曲件，如图 2-2(d)所示。

2. 弯曲变形参数

如图 2-3 所示，设坯料厚度为 t，宽度为 B，弯曲变形的特征参数定义如下。

(1)相对弯曲半径 r/t

弯曲变形后坯料内侧圆角半径 r 与坯料厚度 t 的比值 r/t。

(2)工件角 α

弯曲变形后，坯料的一部分与另一部分之间的夹角，也往往是零件图上标注的角度。

(3)弯曲线 l

工件角 α 的平分面与坯料内表面相交得到的直线。

(4)弯曲角 θ

坯料产生弯曲变形后，以弯曲线为界，坯料的一部分相对于另一部分发生的转角，也就是弯曲变形区中心角。

3. 弯曲变形特点

如图 2-4 所示，在一定厚度的板料侧面画出正方形网格，然后将板料进行弯曲，观察网格的变化，可以看出弯曲变形有如下特点。

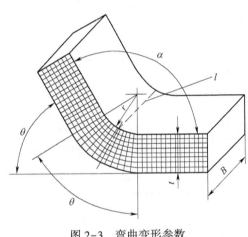

图 2-3　弯曲变形参数

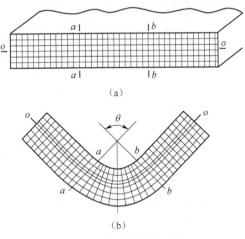

图 2-4　弯曲变形分析图

①圆角部分是变形区，直边部分是不变形区。弯曲时，在弯曲角 θ 的范围内，网格发生显著变化，而直边部分网格基本不变。由此可知，弯曲变形仅发生在弯曲件的圆角部分，直边部分不产生塑性变形。

②板料中性层在弯曲前后长度保持不变，弯曲后向弯曲内侧偏移了一段距离。分析网格的纵向线条变化可以看出，变形区内侧网格线缩短，外侧网格线伸长，即在弯曲变形区内，纤维沿纵向变形是不同的。内侧材料沿纵向受到压缩，外侧材料受到拉伸，且压缩与拉伸的程度都是表层最大，向中间逐渐减小，因此，在内、外侧之间必然存在着一个长度保持不变的中性层(图 2-4 所示的 o—o 位置)。

③弯曲时存在回弹现象，弯曲工件的角度和圆角半径往往与模具不一致。这是因为压弯过程并不完全是材料的塑性变形过程，其弯曲部位还存在着弹性变形，所以，在压弯力卸载后，工件产生弹性回复，压弯工件的形状与模具的形状并不完全一致，这种现象称为回弹。

4. 弯曲的主要质量问题及控制

弯曲工艺的主要质量问题是弯裂、回弹和偏移。

（1）弯裂及防止措施

板料弯曲时，如果弯曲半径小于材料允许的最小弯曲半径，就会使板料外层材料拉伸变形量过大，并使该处拉应力超过材料抗拉强度，引起板料外层断裂，这种现象称为弯裂。各种材料的最小弯曲半径见表 2-1。

表 2-1　最小弯曲半径

材　　料	退火状态		冷作硬化状态	
	弯曲线位置			
	垂直辗压纹向	平行辗压纹向	垂直辗压纹向	平行辗压纹向
08、10 钢，Q195，Q215，SPCC	$0.1t$	$0.4t$	$0.4t$	$0.8t$
15、20 钢，Q235	$0.1t$	$0.5t$	$0.5t$	$1.0t$
25、30 钢，Q255	$0.2t$	$0.6t$	$0.6t$	$1.2t$
35、40 钢，Q275	$0.3t$	$0.8t$	$0.8t$	$1.5t$
45、50 钢	$0.5t$	$1.0t$	$1.0t$	$1.7t$
55、60 钢	$0.7t$	$1.3t$	$1.3t$	$2.0t$
铝	$0.1t$	$0.35t$	$0.5t$	$1.0t$
纯铜	$0.1t$	$0.35t$	$1.0t$	$2.0t$
软黄铜	$0.1t$	$0.35t$	$0.35t$	$0.8t$
半硬黄铜	$0.1t$	$0.35t$	$0.5t$	$1.2t$
磷青铜	—	—	$1.0t$	$3.0t$

防止弯裂的措施有：

①在产品设计阶段，尽量选用塑性好的材料，可减少弯裂的发生。

②在厚板弯曲时，可采用预先开槽或压槽的方法，使弯曲部位的板料变薄，如图 2-5 所示。

③弯曲线最好与板料辗压纹向垂直。用于冷冲压的材料大都属于轧制板材，轧制的板材在弯曲时各方向的性能是有差别的，辗压纹的方向就是轧制的方向。对于卷料或长的板料，辗压纹向与长边方向平行。作为弯曲用的板料，材料沿辗压纹向塑性较好，所以弯曲线最好与辗压纹向垂直，这样，弯曲时不容易开裂，如图 2-6 所示。如果在同一零件上具有不同方向的弯曲线，在考虑弯曲件排样经济性的同时，应尽可能使弯曲线与辗压纹向夹角 α 不小于 30°，如图 2-7 所示。

④使有毛刺的一面作为弯曲件的内侧。弯曲件的毛坯往往是经冲裁落料而成的，其冲裁的断面一面是光亮的，另一面是有毛刺的。弯曲尽量使有毛刺的一面作为弯曲件的内侧，如图 2-8（a）所示。当弯曲方向必须将毛刺面置于外侧时，应尺量加大弯曲半径 r，如图 2-8（b）所示。

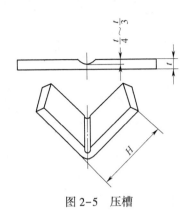

图 2-5　压槽

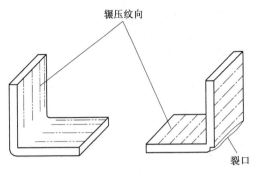

图 2-6　弯曲线与辗压纹向

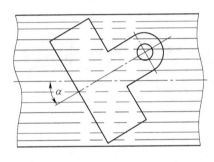

图 2-7　弯曲线与辗压纹向夹角 α

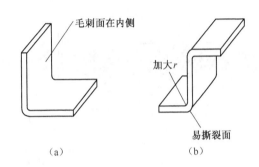

图 2-8　毛刺方向安排

（2）减少回弹的措施

①改变弯曲件的结构、材料。尽量避免选用过大的 r/t，如有可能，在弯曲区压制加强筋，以提高零件的刚度，抑制回弹，如图 2-9 所示。

选用塑性好的材料，也可使弯曲回弹减少。

②改变弯曲工艺。自由弯曲时回弹大，校正弯曲时回弹小，因此应尽量采用校正弯曲。

③改变凸、凹模结构。

通过改变凸模的局部结构，加大变形区应力应变状态的改变程度，使校正力集中在弯曲变形区，可减少回弹，如图 2-10（a）、图 2-10（b）、图 2-10（c）所示。

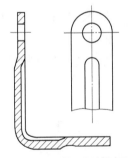

图 2-9　在弯曲区压制加强筋

对于 U 形件弯曲，当 r/t 较小时，可采取增加背压的方法，如图 2-10（c）所示；当 r/t 较大时，可采取将凸模端面和顶板表面作成一定曲率的弧形，如图 2-10（d）所示。

（3）偏移及减少措施

板料弯曲时，板料沿凹模圆角移动，当板料形状不对称时，板料各边所受到的滑动摩擦阻力不相等，板料会沿工件的长度方向产生移动，使工件两直边的高度不符合图样的要求，这种现象称为偏移，如图 2-11 所示。

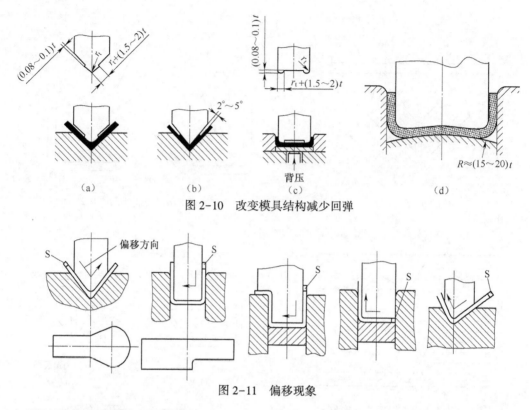

图 2-10　改变模具结构减少回弹

图 2-11　偏移现象

可以通过以下措施克服偏移。

①利用压料装置,使板料在压紧状态下逐渐弯曲成形,从而防止板料的滑动,如图 2-12(a)所示。

②利用板料上的孔或先冲出的工艺孔,将定位销插入孔内再弯曲,使板料无法移动,如图 2-12(b)所示。

③将形状不对称的弯曲件组合成对称件弯曲,然后再切开。这样可使板料弯曲时受力均匀,不容易产生偏移,如图 2-12(c)所示。

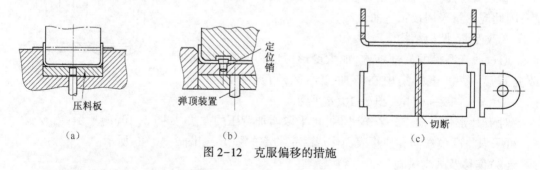

图 2-12　克服偏移的措施

二、弯曲件的结构工艺设计规范

1. 弯曲件的形状

弯曲件的形状应力求简单、对称。当冲压不对称的弯曲件时,因受力不均匀,毛坯容易偏移,尺寸不易保证。

2. 最小弯曲半径

弯曲件的最小弯曲半径不得小于表2-1所列的数值,否则会造成变形区外层材料破裂。

3. 孔的边缘至弯曲中心的距离

如果工件在弯曲线附近有预先冲出的孔,在弯曲时材料的流动会使原有的孔变形。为了避免这种情况,必须使这些孔分布在变形区以外的部位。

如图2-13所示,设孔的边缘至弯曲中心的距离为L,则

$$当 t<2 \text{ mm 时}, L \geqslant t \tag{2-1}$$

$$当 t \geqslant 2 \text{ mm 时}, L \geqslant 2t \tag{2-2}$$

4. 弯曲件的直边高度

在进行直角弯曲时,如果弯曲的直立部分过小,将产生不规则变形,或称稳定性不好。为了避免这种情况,应当使直立部分的高度$h>2t$。当$h<2t$时,则应在弯曲部位压槽,使之便于弯曲,或者加大此处的弯边高度,在弯曲后再截去加高的部分,如图2-14所示。

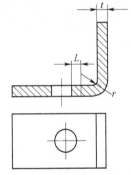

图2-13　弯曲件的孔边距

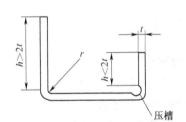

图2-14　弯曲件的直边高度

5.工艺孔、槽及缺口

为了防止材料在弯曲处因受力不均匀而产生裂纹、角部畸变等缺陷,应预先在工件上设置弯曲工艺所要求的孔、槽或缺口,即所谓工艺孔、工艺槽或工艺缺口,如图2-15所示。

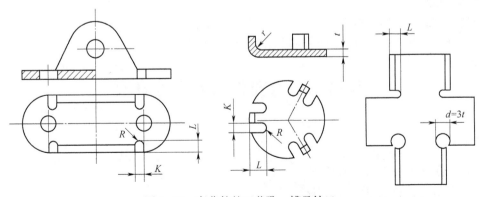

图2-15　弯曲件的工艺孔、槽及缺口

6. 弯曲件尺寸的标注

弯曲件尺寸标注不同,会影响冲压工序的安排。

按图 2-16(a)所示的尺寸标注方式加工零件时,孔的位置精度不受毛坯展开尺寸和回弹的影响,可采用先落料冲孔,然后再弯曲成形的加工方法。按图 2-16(b)、图 2-16(c)所示的标注方式加工零件时,为保证孔的位置精度,冲孔只能安排在弯曲工序之后进行。

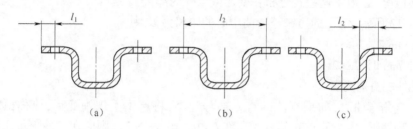

图 2-16　尺寸的标注对弯曲工艺的影响

7. 弯曲件精度

弯曲件的尺寸精度以不高于 IT13 级为宜,角度公差在±30′范围内。若对尺寸精度有较高要求,在结构设计上应设置定位工艺孔;对角度公差有较高要求时,在弯曲工序完成后,应增加整形工序。

任务实施

图 2-1 所示零件的弯曲工艺分析过程如下。

1. 结构与尺寸分析

该支架的弯曲圆角半径 $r=1$ mm,厚度 $t=1$ mm,$r(r=t)$ 大于表 2-1 规定的最小弯曲半径($r_{min}=0.1t$),弯曲件两直边等长对称,因此,该 V 形支架零件的结构与尺寸符合弯曲工艺要求,属于典型的 V 形弯曲件。

2. 精度分析

普通弯曲件精度可达到 IT13 级。该零件未注尺寸公差,按为 IT14 级处理,因此,本零件采用弯曲工艺生产可满足尺寸精度要求。

3. 材料分析

材料为 20 钢,抗拉强度 353~500 MPa,具有良好的弯曲性能。

综上所述,此工件形状、尺寸、精度、材料均满足弯曲工艺的要求,可用弯曲工艺加工。

任务二　弯曲件展开尺寸计算

任务目标

(1)了解弯曲件展开计算原理。

(2)掌握弯曲件展开计算方法。

(3)会计算弯曲件的展开尺寸。

任务描述

计算图 2-1 所示弯曲件的展开尺寸。

相关知识

板料发生弯曲变形时,板料中性层在弯曲前后长度保持不变,因此,弯曲部分的展开长度可按中性层长度计算。

中性层如图 2-17 所示,中性层半径可按式(2-3)计算

$$\rho = r + kt \tag{2-3}$$

式中: ρ ——中性层半径(mm);

　　r ——弯曲半径(mm);

　　k ——中性层位置因子,由表 2-2 查出;

　　t ——材料厚度(mm)。

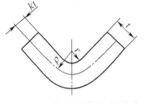

图 2-17　中性层位置的确定

表 2-2　中性层位置因子 k 与 r/t 比值的关系

r/t	0.1	0.2	0.3	0.4	0.5	0.6	0.7	0.8	1
k	0.21	0.22	0.23	0.24	0.25	0.26	0.28	0.3	0.32
r/t	1.2	1.3	1.5	2	2.5	3	4	5	6
k	0.33	0.34	0.36	0.38	0.39	0.40	0.42	0.44	0.46

任务实施

坯料总长度应等于弯曲件直线部分和圆弧部分长度之和,圆弧部分展开长度按中性层长度计算,由 $r/t = 2$ 查表 2-2 得中性层位移系数 $k = 0.32$。

按式(2-3)计算其中性层半径 ρ

$$\rho = r + kt = 1 + 0.32 \times 1 = 1.32 \ (\text{mm})$$

弯曲件的展开尺寸: $L = 25.42 + 25.42 + 1.32 \times \dfrac{\pi}{2} \approx 52.91 (\text{mm})$

任务三　弯曲回弹分析计算

任务目标

(1)了解小变形、大变形的概念。

(2)掌握大变形时回弹值的计算方法。

(3)会计算大变形时的回弹值。

任务描述

计算图 2-1 所示零件的弯曲回弹值。

相关知识

如图 2-18 所示,在弯曲模具闭合时,工件的工件角、弯曲半径与凸模工作部分一样,分别为 α 和 r;当弯曲模具打开时,弯曲力消失,工件由于弹性恢复,发生回弹,其工件角和弯曲半径分别变为 α_0 和 r_0。

1. 小变形程度[$r \geq (5 \sim 8)t$]自由弯曲时的回弹值

当要求工件的弯曲圆角半径为 r,制件角为 α 时,可用下列公式计算弯曲凸模的圆角半径 r_p、凸模角 α_p。

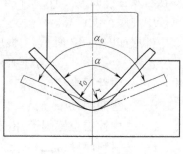

$$r_p = \frac{r}{1 + 3\dfrac{\sigma_s r}{Et}} \qquad (2\text{-}4)$$

$$\alpha_p = \alpha - (180° - \alpha)\left(\frac{r}{r_p} - 1\right) \qquad (2\text{-}5)$$

图 2-18 弯曲回弹

式中:r_p——弯曲凸模圆角半径(mm);

r——制件圆角半径(mm);

σ_s——材料屈服点(MPa);

E——材料弹性模量(MPa);

t——材料厚度(mm);

α——制件角(°);

α_p——凸模角(°)。

2. 大变形程度[$r < (5 \sim 8)t$]自由弯曲时的回弹值

当 $r < (5 \sim 8)t$ 时,工件的弯曲半径一般变化不大,只考虑角度回弹。对于 V 形弯曲的角度回弹值查可表 2-3 确定,对于 U 形弯曲的角度回弹值可查表 2-4 确定。

表 2-3　V 形弯曲角度回弹值

状态 材料牌号	r/t	制件角度 α						
		150°	135°	120°	105°	90°	60°	30°
		回弹角度 Δα						
2A12(硬)(LY12Y)	2	2°	2°30′	3°30′	4°	4°30′	6°	7°30′
	3	3°	3°30′	4°	5°	6°	7°30′	9°
	4	3°30′	4°30′	5°	6°	7°30′	9°	10°30′
	5	4°30′	5°30′	6°30′	7°30′	8°30′	10°	11°30′
	6	5°30′	6°30′	7°30′	8°30′	9°30′	11°30′	13°30′
2A12(软)(LY12M)	2	0°30′	1°	1°30′	2°	2°	2°30′	3°
	3	1°	1°30	2°	2°30′	2°30′	3°	4°30′
	4	1°30′	1°30	2°	2°30′	3°	4°30′	5°
	5	1°30′	2°	2°30	3°	4°	5°	6°
	6	2°30′	3°	3°30′	4°	4°30′	5°30	6°30′

状态　　材料牌号	r/t	制件角度 α						
		150°	135°	120°	105°	90°	60°	30°
		回弹角度 Δα						
7A04(硬)(LC4Y)	3	5°	6°	7°	8°	8°30′	9°	11°30′
	4	6°	7°30	8°	8°30′	9°	12°	14°
	5	7°	8°	8°30′	10°	11°30′	13°30′	16°
	6	7°30′	8°30′	10°	12°	13°30′	15°30′	18°
7A04(软)(LC4M)	2	1°	1°30′	1°30′	2°	2°30	3°	3°30′
	3	1°30′	2°	2°30′	2°	3°	3°30′	4°
	4	2°	2°30′	3°	3°	3°30′	4°	4°30′
	5	2°30′	3°	3°	3°30′	4°	5°	6°
	6	3°	3°30′	4°	4°	5°	6°	7°
20(已退火)	1	0°30′	1°	1°	1°30′	1°30′	2°	2°30′
	2	0°30′	1°	1°30′	2°	2°	3°	3°30′
	3	1°	1°30′	2°	2°	2°30′	3°30′	4°
	4	1°	1°30′	2°	2°30′	3°	4°	5°
	5	1°30′	2°	2°30′	3°	3°30′	4°30′	5°30′
	6	1°30′	2°	2°30′	3°	4°	5°	6°
30CrMnSi(已退火)	1	0°30′	1°	1°	1°30′	2°	2°30′	3°
	2	0°30′	1°30′	1°30′	2°	2°30′	3°30′	4°30′
	3	1°	1°30′	2°	2°30′	3°	4°	5°30′
	4	1°30′	2°	3°	3°30′	4°	5°	6°30′
	5	2°	2°30′	3°	4°	4°30′	5°30′	7°
	6	2°30′	3°	4°	4°30′	5°30′	6°30′	8°
1Cr17Ni8(1Cr18Ni9Ti)	0.5	0°	0°	0°30	0°30′	1°	1°30′	2°30′
	1	0°30′	0°30′	1°	1°	1°30′	2°	3°
	2	0°30′	1°	1°30	1°30′	2°	2°30′	4°
	3	1°	1°	2°	2°	2°30′	2°30′	4°30′
	4	1°	1°30′	2°30	3°	3°30′	4°	4°30′
	5	1°30′	2°	3°	3°30′	4°	4°30′	5°30′
	6	2°	2°30′	3°	3°30	4°	4°30′	6°30′

表 2-4　U形弯曲角度回弹值

状态　　材料的牌号	r/t	凹模和凸模的单边间隙 Z/2						
		0.8t	0.9t	1t	1.1t	1.2t	1.3t	1.4t
		回弹角度 Δα						
2A12(硬)(LY12Y)	2	−2°	0°	2°30′	5°	7°30′	10°	12°
	3	−1°	1°30′	4°	6°30′	9°30′	12°	14°
	4	0°	3°	5°30′	8°30′	11°30′	14°	16°30′
	5	1°	4°	7°	10°	12°30′	15°	18°
	6	2°	5°	8°	11°	13°30′	16°30′	19°30′
2A12(软)(LY12M)	2	−1°30′	0°	1°30′	3°	5°	7°	8°30′
	3	−1°30′	0°30′	2°30′	4°	6°	8°	9°30′
	4	−1°	1°	3°	4°30′	6°30′	9°	10°30
	5	−1°	1°	3°	5°	7°	9°30′	11°
	6	−0°30′	1°30′	3°30′	6°	8°	10°	12°

状态 材料的牌号	r/t	凹模和凸模的单边间隙 Z/2						
		0.8t	0.9t	1t	1.1t	1.2t	1.3t	1.4t
		回弹角度 Δα						
7A04(硬) (LC4Y)	3	3°	7°	10°	12°30′	14°	16°	17°
	4	4°	8°	11°	13°30′	15°	17°	18°
	5	5°	9°	12°	14°	16°	18°	20°
	6	6°	10°	13°	15°	17°	20°	23°
7A04(软) (LC4M)	2	−3°	−2°	0°	3°	5°	6°30′	8°
	3	−2°	−1°30′	2°	3°30′	6°30′	8°	9°
	4	−1°30′	−1°	2°30′	4°30′	7°	8°30′	10°
	5	−1°	−1°	3°	5°30′	8°	9°	11°
	6	0°	−0°30′	3°30′	6°30′	8°30′	10°	12°
20 (已退火)	1	−2°30′	−1°	0°30′	1°30′	3°	4°	5°
	2	−2°	−0°30	1°	2°	3°30′	5°	6°
	3	−1°30′	0°	1°30′	3°	4°30′	6°	7°30′
	4	−1°	0°30′	2°30′	4°	5°30′	7°	9°
	5	−0°30′	1°30′	3°	5°	6°30′	8°	10°
	6	−0°30′	2°	4°	6°	7°30′	9°	11°
30CrMnSiA (已退火)	1	−1°	−0°30′	0°	1°	2°	4°	5°
	2	−2°	−1°	1°	2°	4°	5°30′	7°
	3	−1°30′	0°	2°	3°30′	5°	6°30′	8°30′
	4	−0°30′	1°	3°	5°	6°30′	8°30′	10°
	5	0°	1°30′	4°	6°	8°	10°	11°
	6	0°30′	2°	5°	7°	9°	11°	13°

任务实施

回弹分析过程如下：

因为工件 $r = t < (5 \sim 8)t$，属于大变形弯曲变形，只考虑角度回弹。根据工件材料为 20 钢，$r/t = 1$，制件角度为 90°，查表 2-3，可确定角度回弹值为：$\Delta\alpha = 1°30'$。

任务四　弯曲力计算及压力机选择

任务目标

(1)了解弯曲力的变化规律。

(2)掌握弯曲力计算方法。

(3)会计算弯曲力。

任务描述

计算图 2-1 所示弯曲件的弯曲力并初选压力机型号、参数。

一、弯曲力的变化规律

由前面的介绍可知,板料弯曲时,开始是弹性弯曲,然后是变形区内外层材料首先进入塑性状态,并逐渐向板厚中心扩展的自由弯曲,最后是凸、凹模与板料相互接触并压实零件的校正弯曲。

图 2-19 表示了各阶段弯曲力与弯曲行程的关系。弹性阶段的弯曲力较小,可以略去不计,自由弯曲阶段的弯曲力 $F_自$ 不随弯曲行程变化,校正弯曲力 $F_校$ 则随行程的推移而急剧增加。

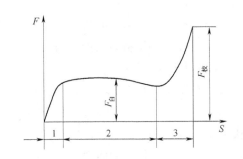

图 2-19 弯曲力的变化曲线
1—弹性弯曲阶段;2—自由弯曲阶段;3—校正弯曲阶段

二、弯曲力的计算方法

由于弯曲力大小与材料性能、工件形状、弯曲方法、模具结构等多种因素有关,因此很难用理论分析方法进行准确的计算,生产实际中常用表 2-5 中的经验公式作概略的计算。

表 2-5 弯曲力的计算公式

弯曲力类型	经验公式	备 注
V 形自由弯曲力/N	$F_1 = 0.6KBt^2\sigma_b/(r+t)$	K——系数,取 $K=1.0\sim1.3$;r——凸模圆角半径(mm);
U 形自由弯曲力/N	$F_1 = 0.7KBt^2\sigma_b/(r+t)$	B——弯曲件宽度(mm); t——板料厚度(mm);σ_b——材料抗拉强度(MPa)
校正弯曲力/N	$F_2 = pA$	A——校正部分的投影面积(mm²); p——单位校形力(MPa/mm²),见表 2-6

表 2-6 单位校正弯曲力 p 单位:N/mm²

板料厚度 t/mm	铝	黄铜	10 钢、15 钢、20 钢	25 钢、30 钢
<1	15~20	20~30	30~40	40~50
1~3	20~30	30~40	40~60	50~70
3~6	30~40	40~60	60~80	70~100
6~10	40~50	60~80	80~100	100~120

当设置有顶件装置或压料装置时,顶件力 F_D 或压料力 F_y 可近似取自由弯曲力的 $30\% \sim 80\%$。

三、压力机公称压力的确定

(1)对于有压料装置或顶件装置的自由弯曲,总弯曲力是自由弯曲力、压料力或顶件力

之和,压力机公称压力应大于总弯曲力的 1.2~1.3 倍,即

$$F_{压力机} \geqslant (1.2 \sim 1.3)(F_1 + F_D) \qquad (2\text{-}6)$$

式中:$F_{压力机}$——压力机公称压力;

    F_1——自由弯曲力;

    F_D——压料力或顶件力。

(2)对于校正弯曲:

压力机公称压力应大于校正弯曲力的 1.2~1.3 倍

$$F_{压力机} \geqslant (1.2 \sim 1.3)F_2 \qquad (2\text{-}7)$$

式中:$F_{压力机}$——压力机公称压力;

    F_2——校正弯曲力。

任务实施

(1)自由弯曲力 F_1 按表 2-5 中的 V 形自由弯曲力算式计算:

$$F_1 = 0.6KBt^2\sigma_b/(r + t)$$
$$= 0.6 \times 1.3 \times 20 \times 1.5^2 \times 400/(3 + 1.5) = 3\,120(\text{N})$$

(2)顶件力 F_D 按 F_1 的 30%~80% 计算:

$$F_D = (0.3 \sim 0.8)F_1 = (0.3 \sim 0.8) \times 3\,120 = 936 \sim 2\,496(\text{N})$$

(3)校正弯曲力 F_2 按表 2-5 中的校正弯曲力算式计算:

工件计入角度回弹值后,通过 AutoCAD 软件查得制件在水平面的投影尺寸为 36.91 mm×20 mm,因此

$$F_2 = pA \approx 60 \times 36.91 \times 20 = 44\,292(\text{N}) \approx 44(\text{kN})$$

(4)压力机的公称压力的确定:

由于校正弯曲力比自由弯曲力大很多,因此,根据校正弯曲力确定压力机的公称压力。

$$F_{压力机} \geqslant (1.2 \sim 1.3)F_2 = (1.2 \sim 1.3) \times 44 = 52.8 \sim 57.2(\text{kN})$$

(5)压力机的滑块行程的确定:

弯曲时,压力机的滑块行程须大于制件高 5~10 mm,通过 AutoCAD 软件查得制件的垂直高度约为 19.51 mm,据此可确定压力机滑块行程应大于 24.51~29.51 mm。

根据压力机公称压力大于 52.8~57.2(kN),压力机滑块行程应大于 24.51~29.51 mm。查附录表-9,初步选择型号为 J23-10 的开式压力机,压力机参数为:

公称压力:100 kN;

滑块行程:45 mm;

压力机工作台面尺寸:370 mm×240 mm(前后×左右);

滑块模柄孔尺寸:ϕ30 mm×55 mm;

压力机最大闭合高度:210 mm;

垫板厚度:45 mm;漏料孔尺寸:ϕ80 mm;

连杆调节量:35 mm。

任务五　弯曲模结构设计

⏳ **任务目标**

(1) 了解弯曲模的典型结构。

(2) 掌握弯曲模结构设计规范。

(3) 会设计弯曲模的结构。

⏳ **任务描述**

设计图 2-1 所示零件的弯曲模结构。

⏳ **相关知识**

1. V形弯曲模的典型结构

V形弯曲模的典型结构形式如图 2-20 所示,主要由凸模、凹模、定位块等零件组成。

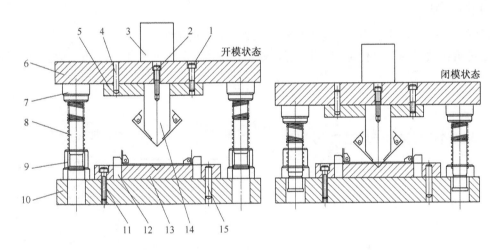

图 2-20　V形弯曲模

1、2、11—螺钉;3—模柄;4、15—销钉;5—凸模固定板;6—上模座;

7、8、9—导柱导套组件;10—下模座;12—定位块;13—凹模;14—凸模

该模具的特点是结构简单,在压力机上安装及调整方便,对材料厚度公差要求不高,工件在弯曲终了时可得到一定程度的校正,因而回弹较小。

这种结构模具适用于只折一边的情况,但折弯角度可变化,脱料方式为自落式。

2. U形弯曲模的典型结构

采用脱料板脱料的 U 形弯曲模的典型结构形式如图 2-21 所示。因毛坯是已经弯曲的半成品,高度较高,因此采用定位块定位,压弯时顶板与凸模将毛坯夹紧,既可防止毛坯偏移,又可使弯曲件底部平整;弯曲后可通过顶板与顶杆将工件顶出。

这种结构模具折边的多少不限,但折弯角度一般为 90°。

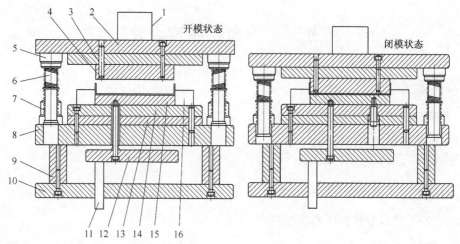

图 2-21　U 形弯曲模

1—模柄;2—上模座;3—上垫板;4—凸模;5、6、7—导套导柱组件;8—下模座;

9—下垫块;10—下托板;11—顶杆;12—气垫板;13—下垫板;14—下夹板;15—脱料板;16—凹模(折弯刀、折块)

任务实施

参考图 2-20,设计本例支架弯曲模结构如图 2-22 所示。

通过定位块对坯料进行定位,凹模通过螺钉、销钉固定在下模座上。凸模通过凸模固定板,上垫板,螺钉、销钉与上模座固定在一起。

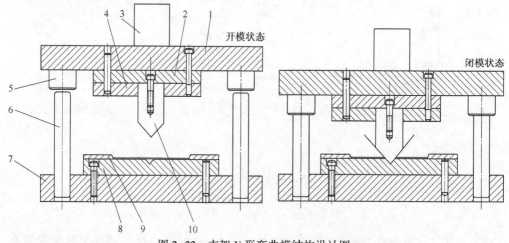

图 2-22　支架 V 形弯曲模结构设计图

1—上模座;2—上垫板;3—模柄;4—凸模固定板;5—导套;6—导柱;7—下模座;8—凹模;9—定位块;10—凸模

任务六　V 形弯曲模凸、凹模设计

任务目标

(1)了解弯曲模的凸、凹模结构。

（2）掌握弯曲模凸、凹模尺寸确定方法。

（3）会设计弯曲模凸、凹模。

任务描述

（1）计算图2-1所示零件凸、凹模工作部分尺寸，并设计凸、凹模结构。

（2）确定上夹板（凸模固定板），上垫板（凸模垫板）规格。

相关知识

一、V形弯曲模凸、凹模设计

1. V形弯曲模凸、凹模工作部分尺寸的确定

产品如图2-23（a）所示，当$r/t \leqslant 1.0$，且料厚$\geqslant 0.5\text{mm}$时，凸、凹模工作部分采用图2-23（b）所示的结构，凸、凹模工作部分尺寸取值如表2-7所示。

当料厚$<0.5\text{mm}$或$r/t \leqslant 1.0$时，凸、凹模工作部分采用图2-23（c）所示的结构，凸、凹模工作部分尺寸取值如表2-8所示。

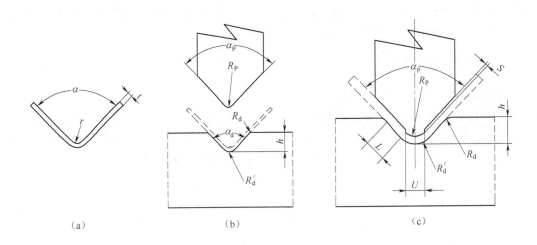

图2-23　V形件及弯曲模凸、凹模工作部分尺寸

表2-7　凸、凹模工作部分尺寸表一　　　　　　　　单位：mm

料　　厚		0.5	0.6	0.8	1.0	1.2	1.5	2.0	3.0	5.0
适用条件		$r/t \leqslant 1.0$								
凸、凹模工作部分尺寸	$\alpha_P = \alpha_d$	$\alpha - \Delta\alpha$（$\Delta\alpha$ 为回弹角）								
	R_P	r								
	R_d	1.0	1.0	1.5	2.0	2.5	3.0	4.0	5.0	8.0
	R_d'	0.5	0.8	0.5	1.0	1.0	1.0	2.0	2.0	2.0
	h	2.0	2.0	2.5	3.0	3.5	4.0	5.0	7.0	12

表 2-8　凸、凹模工作部分尺寸表二　　　　单位:mm

料厚		0.1	0.15	0.2	0.3	0.4	0.5	0.6	0.8	1.0	1.2	1.8	2.0	3.0	8.0
适用条件		$0.2 < r/t \leqslant 3.0$					$1 < r/t \leqslant 8.0$								
凸凹模工作部分尺寸	$\alpha_P = \alpha_d$	$\alpha - \Delta\alpha$($\Delta\alpha$为回弹角)													
	R_P	r													
	R'_d	$r + t$													
	S	0.01	0.01	0.01	0.02	0.02	0.03	0.03	0.04	0.05	0.06	0.08	0.10	0.18	0.20
	R_d	0.8	0.8	0.5	0.5	0.5	1.0	1.0	2.0	2.0	2.8	3.0	4.0	8.0	8.0
	L	2.0	2.0	2.0	2.0	2.0	2.0	2.0	2.5	3.0	3.5	4.0	5.0	7.0	12
	U	位于R_P切点处,由R_P和α_P决定													
	h	由R_d,R'_d,L,α_d决定													

2. V形弯曲模凸、凹模结构尺寸

V形弯曲模的凹模不可太宽,以免造成模具成本过高,一般W宽度为70~90 mm,产品定位可在模板外,如图2-24所示。凸模宽度W_1一般取15~30 mm,高度H以成形后产品不与模具发生干涉为原则,其次,由于凸模的高度会影响到模具闭合高度,因此确定凸模高度时,还要考虑模具闭合高度与冲床闭合高度相适应。

二、U形弯曲模设计

1. U形弯曲模工作部分尺寸确定

(1)U形弯曲模的凸、凹模圆角半径

如图2-25所示,U形弯曲模的凸模圆角半径r_P的取值方法与V形弯曲模凸模圆角半径取值方法一样,参考表2-7、表2-8选取。凹模圆角半径R_d一般取3~5 mm。

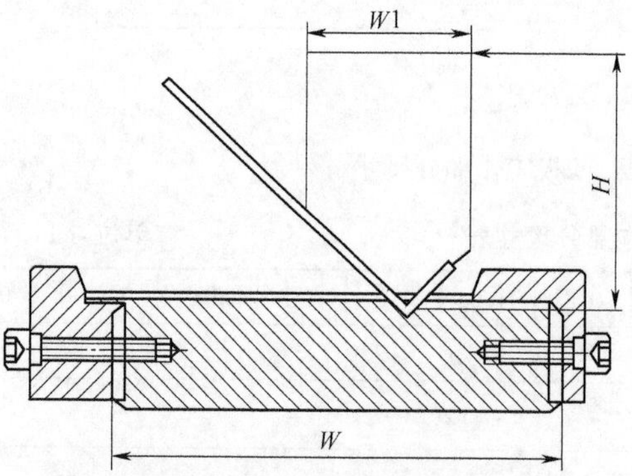

图2-24　V弯曲模凸、凹模结构尺寸

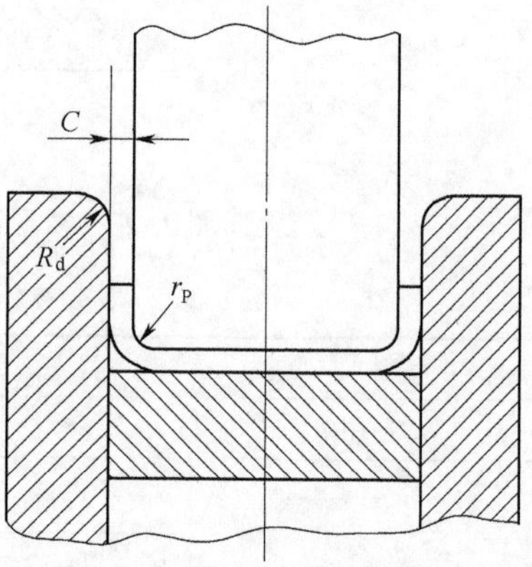

图2-25　U形弯曲模凸、凹模工作部分尺寸

(2)凸模与凹模之间的间隙C

间隙的大小对于U形工件的弯曲质量和弯曲力有很大影响。间隙越小,弯曲力越大,间隙过小,还会使工件弯边壁变薄,并降低凹模寿命;间隙过大,则回弹较大,会降低工件精度。

U形弯曲的凸、凹模单边间隙,可按式(2-8)、式(2-9)计算

钢板 $$C = (1.05 \sim 1.15)t \qquad\qquad (2-8)$$

有色金属 $$C = (1 \sim 1.1)t \qquad\qquad (2-9)$$

式中:C——弯曲模凸、凹模单边间隙;

　　　t——材料厚度。

当工件精度要求较高时,凸、凹模间隙值应取小些,取 $C = t$。

(3)模具宽度

U形弯曲模具工作部分尺寸如图2-26(a)所示,根据工件尺寸标注方式不同,凸、凹模工作部分尺寸计算方法也不同。

①工件尺寸标注在外形,如图2-26(b)所示,

凹模尺寸为:

$$L_d = (L_{max} - 0.75\Delta)_{0}^{+\delta_d} \qquad\qquad (2-10)$$

凸模尺寸为:

$$L_p = (L_d - 2C)_{-\delta_p}^{0} \qquad\qquad (2-11)$$

②工件尺寸标注在内形,如图2-26(c)所示,

凸模尺寸为:

$$L_p = (L_{min} + 0.75\Delta)_{-\delta_p}^{0} \qquad\qquad (2-12)$$

凹模尺寸为:

$$L_d = (L_p + 2C)_{0}^{+\delta_d} \qquad\qquad (2-13)$$

式中:L_d——凹模工作部位尺寸(mm);

　　　L_p——凸模工作部位尺寸(mm);

　　L_{max}——弯曲件横向最大极限尺寸(mm);

　　L_{min}——弯曲件横向最小极限尺寸(mm);

　　　Δ——弯曲件的尺寸公差(mm);

　　　C——凸模与凹模的单边间隙(mm);

　δ_p、δ_d——凸模、凹模的制造偏差(mm)。

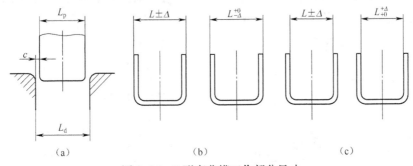

图2-26　U形弯曲模工作部分尺寸

2.U形弯曲模结构设计

(1)如图2-27所示,凹模(折块)采用夹板铣槽,靠定位块压紧[图2-27(a)]或内六角螺钉(M10)固定[图2-27(b)]。图中尺寸取值应注意以下几点:

①H 取值小于内脱板厚度,折块上部内磨 0.1 mm 作用主要是防止折块将材料刮伤。

②有内导柱时折块与内脱板的间隙为+0.1 mm,无内导柱时折块与内脱板间隙为 0.02 mm。

③折块规格与脱板厚度(X)和槽深(S)的关系如表 2-9、表 2-10 所示。

表 2-9 小产品折弯时折块规格与脱板厚度(X)和槽深(S)的关系　　　　　单位:mm

料厚(t)	铣槽深(S)	内脱板厚度(X)	折刀规格
$t \leqslant 1.0$	6.0	20	33(T)×33(W)×L
$t>1.0$	7.0	20	

表 2-10 长边折弯时折块规格与脱板厚度(X)和槽深(S)的关系　　　　　单位:mm

料厚(t)	铣槽深(S)	内脱板厚度(X)	折刀规格
$t \leqslant 1.0$	6.0	25	40(T)×40(W)×L
$t>1.0$	7.0	25	

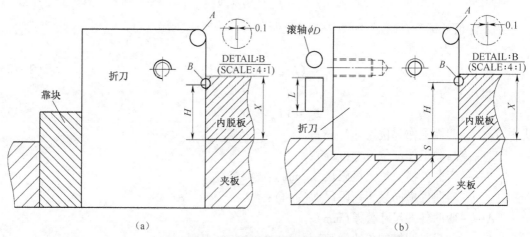

图 2-27 U 形弯曲模结构尺寸

(2)对表面质量要求高的工件,在凹模(折块)上安装滚轴,一般情况下,滚轴选用 ϕ6.00 mm 或 ϕ8.00 mm,特殊时可选用 ϕ4.00 mm 或 ϕ10.00 mm。滚轴沟槽加工图如图 2-28 所示。

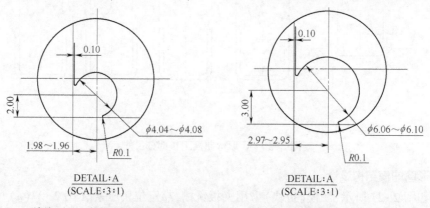

滚轮 (ϕ4.00) 槽部分加工详图　　　　　滚轮 (ϕ6.00) 槽部分加工详图

图 2-28 滚轴沟槽加工图

当产品的折弯高度低于 5.0 mm，或其他原因无法用滚轴折弯时，可采用倒圆角的方式折弯，试模完成后在 R 角处镀硬铬，以保证其强度，如图 2-29 所示。

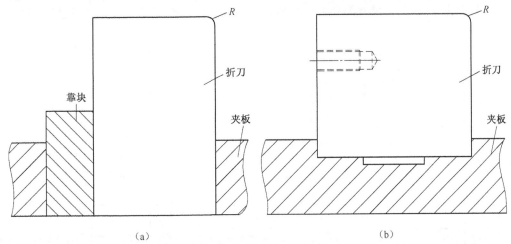

（a）　　　　　　　　　　　　　　　　　（b）

图 2-29　凹模（折刀）圆角

任务实施

1. V形弯曲模工作部分尺寸

（1）弯曲凸模的圆角半径

根据料厚 $t = 1mm$，$r/t = 1$，查表 2-27 确定凸模的圆角半径 $r_P = 1\ mm$。

（2）凸模角、凹模角

根据前述回弹分析的结果可知 $\Delta\alpha = 1.5°$，查表 2-27 可以确定

$$\alpha_P = \alpha_d = 90° - 1.5° = 88.5°。$$

（3）凹模圆角半径

根据 $t = 1mm$，$r/t = 1$，由表 2-27 查得凹模圆角半径 $R_d = 2.0mm$。

（4）凹模底部圆角半径

根据 $t = 1mm$，$r/t = 1$，由表 2-27 查得凹模底部圆角半径 $R'_d = 1.0\ mm$。

（5）凹模 V 槽深度 h

根据 $t = 1\ mm$，$r/t = 1$，由表 2-27 查得凹模 V 槽深度 $h = 3.0\ mm$。

2. V形弯曲模凸、凹模结构尺寸

（1）凹模

凹模长度（与展开尺寸宽度方向同向尺寸）：根据前述"一般 W 宽度为 70～90 mm"，参考附录表-15，确定凹模长度为 80 mm。

凹模宽度（与展开尺寸宽度方向同向尺寸）：为保证冲压质量及控制模具成本，凹模宽度可在坯料宽度的基础上每边增加 10～20 mm。参考附录表-15，确定凹模宽度为 63 mm。

凹模高度：根据已确定的长宽尺寸，参考附录表-15，确定凹模高度为 22 mm。

根据以上所述，凹模尺寸为：80 mm×63 mm×22 mm。凹模零件主要尺寸如图 2-30 所示。

（2）凸模

根据前述介绍，凸模长度（与展开尺寸长度方向同向尺寸）取 15～30 mm，本例取 30 mm。

凸模宽度可在坯料宽度的基础上每边增加 5～10 mm，本例每边增加 5 mm，则凸模宽度

为 30 mm。

根据前述介绍,凸模高度初定为 62 mm。

综上所述,确定凸模尺寸为:30 mm×30 mm×70 mm。凸模零件主要尺寸如图 2-31 所示。

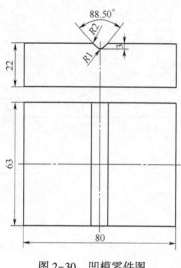

图 2-30 凹模零件图

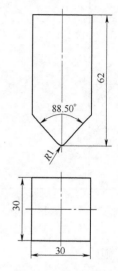

图 2-31 凸模零件图

(3)上夹板、上垫板规格

根据项目一的介绍,参考附录表-15,确定凸模固定板、上垫板尺寸如下:

上夹板:80 mm×63 mm×16 mm。

上垫板:80 mm×63 mm×8 mm。

任务七 定位零件设计

任务目标

(1)了解定位零件的类型、结构、尺寸的确定原则。

(2)掌握定位零件的设计方法。

(3)会设计坯料定位零件。

任务描述

设计坯料定位零件。

相关知识

1. 定位块

折弯模定位应考虑定位稳定,加工方便,调节灵活几方面。从稳定方面考虑,一般定位应选择刀口边,而不选择折弯边,同一方向两定位距离应尽量远,以保证定位精度。

对于尺寸较大的产品(> 300 mm),或弯曲的半成品坯料,一般采用定位块定位,定位块做成"七"字形。定位块可用螺钉固定在凹模的侧面,如图 2-32 所示,这种定位方式方便调整,拆装。定位块的结构及尺寸如图 2-33 所示。

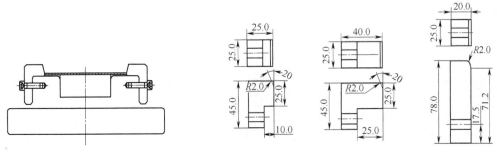

图 2-32 定位块安装方式   图 2-33 定位块结构、尺寸

2. 定位板

对于尺寸较小的产品,一般采用定位板定位,定位板以能容纳坯料为原则,顶面须做成斜面,厚度为材料厚度的 1.5~2 倍。常用定位结构形式及应用如表 2-11 所示。

表 2-11 定位板的结构形式及应用

序号	简 图	说 明
1		1. 利用工序件两端外形定位,是异形工序件常用的定位方式 2. 特殊情况下,也可以利用工序件两端缺口定位
2		整圈圆形定位板,用于圆形落料件
3		用于成形工序件,定位板上的缺口容许取放小工件的工具通过,也便于观察

任务实施

由于坯料为板料且尺寸小,因此采用定位板对坯料进行定位,根据坯料厚度为 1 mm,确定定位板厚度为 2 mm,定位板外形尺寸根据工件展开尺寸及凹模板尺寸确定,如图 2-34 所示。

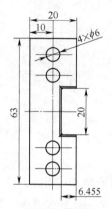

图 2-34　定位板结构及外形尺寸

任务八　标准零件选用

任务目标

(1) 了解标准零件的类型、结构、选用原则。
(2) 掌握标准零件的选用方法。
(3) 会选用标准零件。

任务描述

(1) 选用标准模座、导柱、导套、模柄。
(2) 选用螺钉、销钉。

相关知识

见项目一的相关介绍。

任务实施

1. 模座规格

本例选用后侧滑动导柱铸铁模架。根据凹模周界尺寸,查附录表-27,选用模座规格如下:

下模座:80×63×30　GB/T 2855.2—2008
上模座:80×63×25　GB/T 2855.1—2008

2. 导柱、导套规格

绘制闭模时的模具装配图,并标注各零件尺寸位置关系,如图 2-35 所示。

根据上、下模座导套导柱孔直径确定导套导柱的直径,根据闭模时各零件的尺寸位置关系确定导柱导套长度,查附录表-31、附录表-32,确定导柱、导套规格如下。

导柱:B18h5×130×40 GB/T2861.2—2008

导套:A 18H6×65×23 GB/T2861.6—2008

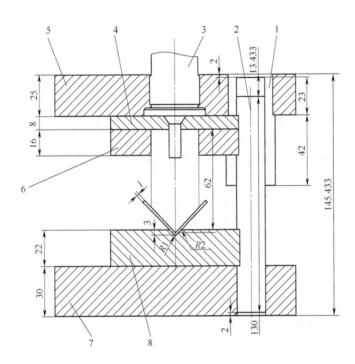

图 2-35 模具闭合时,各部分尺寸位置关系

1—导套;2—导柱;3—模柄;4—上垫板;

5—上模座;6—凸模固定板;7—下模座;8—凹模

3. 模柄型号、参数

根据压力机滑块孔尺寸及上模座厚度,查附录表-33,选用模柄规格为:

$\phi30×73$ JB/T7646.1—2008 Q235

4. 螺钉、销钉的规格、数量

(1)凸模固定螺钉

凸模与上垫板使用 1 个 M8×18 的沉头螺钉连接。

(2)凸模固定板、上垫板与上模座连接螺钉、销钉

凸模固定板、上垫板与上模座采用 4 个 M8 螺钉、2 个 $\phi8$ 销钉连接。

螺钉与凸模固定板螺孔配合深度按(1~1.5)d 确定,取 12 mm;上模座厚度 25 mm,沉头孔深度 10 mm,孔深度 15 mm;上垫板通孔深 8 mm,因此可确定螺钉型号为:M8×35。

销钉与凸模固定板、上垫板全长配合,取 24 mm,与上模座配合深度按大约 2d 确定,取 16 mm;因此可确定销钉型号为:$\phi8$ mm×40 mm。

（3）凹模与下模座连接螺钉、销钉

凹模与下模座采用 4 个 M8 螺钉、2 个 $\phi 8$ 销钉连接。

螺钉与凹模螺孔配合深度按 $(1\sim1.5)d$ 确定,取 10 mm;下模座厚度 30 mm,沉头孔深度 10 mm,孔深度 20 mm,因此可确定螺钉型号为:M8×30。

销钉与凹模全长配合,取 20 mm,与下模座配合深度按大约 $2d$ 确定,取 15 mm;因此可确定销钉型号为:$\phi 8$ mm×35 mm。

（4）定位板与凹模连接螺钉、销钉

定位板一共 2 块,每块定位板与凹模采用 2 个 M6×20 螺钉、2 个 $\phi 6$×20 销钉连接。

（5）模柄止转销钉

根据附录表-33 的介绍,止转销钉规格为:$\phi 6$×10。

任务九　装配图、零件图的绘制

任务目标

（1）了解模具零件图、装配图的作用、标注要求。
（2）掌握模具零件图、装配图的绘制方法。
（3）会绘制零件图、装配图。

任务描述

（1）试绘制各模板及非标零件。
（2）试绘制模具装配图。

相关知识

弯曲模具装配图、零件图的绘制方法与冲裁模装配图、零件图绘制方法一样,相关知识可参考项目一的有关内容。

任务实施

参考项目一介绍的方法进行设计,并绘制零件图、装配图如下:
凹模零件图见图 CY_02_01。
凸模零件图见图 CY_02_02。
下模座零件图见图 CY_02_03。
上模座零件图见图 CY_02_04。
上垫板零件图见图 CY_02-05。
凸模固定板零件图见图 CY_02_6。
定位板零件图见图 CY_02_07。
模柄零件图见图 CY_02_08。
模具装配图见图 CY_02_00。

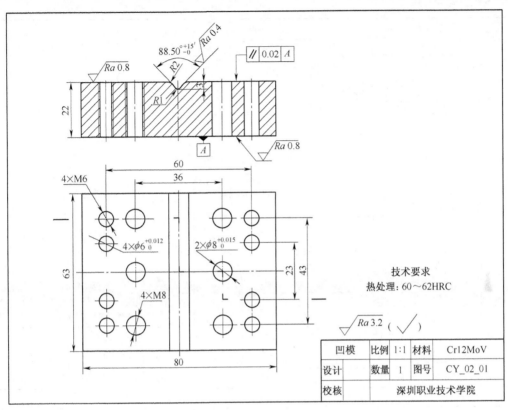

技术要求
热处理：60～62HRC

$\sqrt{Ra\,3.2}$ （ $\sqrt{}$ ）

凹模		比例	1:1	材料	Cr12MoV
设计		数量	1	图号	CY_02_01
校核		深圳职业技术学院			

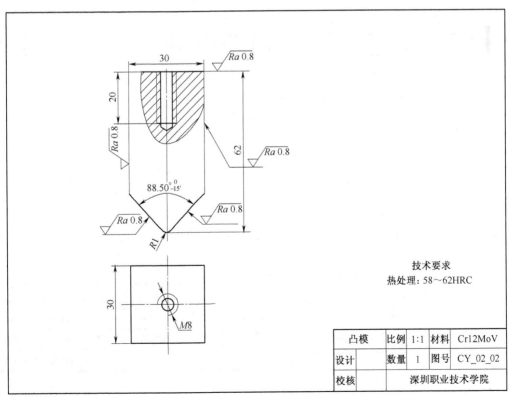

技术要求
热处理：58～62HRC

凸模		比例	1:1	材料	Cr12MoV
设计		数量	1	图号	CY_02_02
校核		深圳职业技术学院			

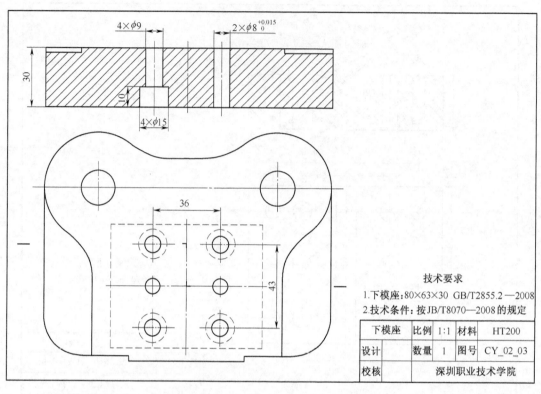

技术要求
1.下模座:80×63×30 GB/T2855.2—2008
2.技术条件:按JB/T8070—2008的规定

下模座		比例	1:1	材料	HT200
设计		数量	1	图号	CY_02_03
校核		深圳职业技术学院			

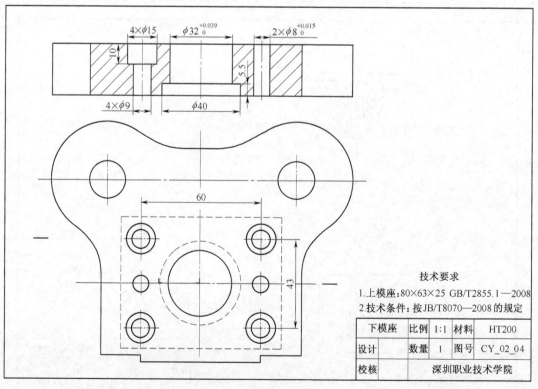

技术要求
1.上模座:80×63×25 GB/T2855.1—2008
2.技术条件:按JB/T8070—2008的规定

下模座		比例	1:1	材料	HT200
设计		数量	1	图号	CY_02_04
校核		深圳职业技术学院			

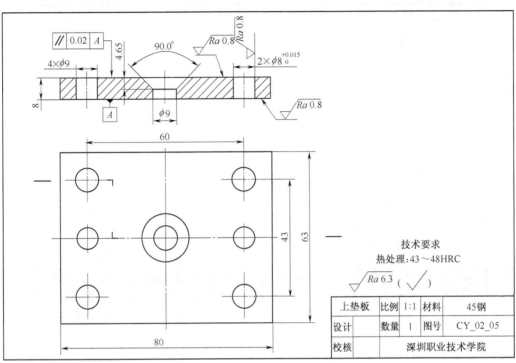

技术要求

热处理:43~48HRC

$\sqrt{Ra\ 6.3}$ ($\sqrt{\ }$)

上垫板	比例	1:1	材料	45钢
设计		数量	1	图号	CY_02_05
校核		深圳职业技术学院		

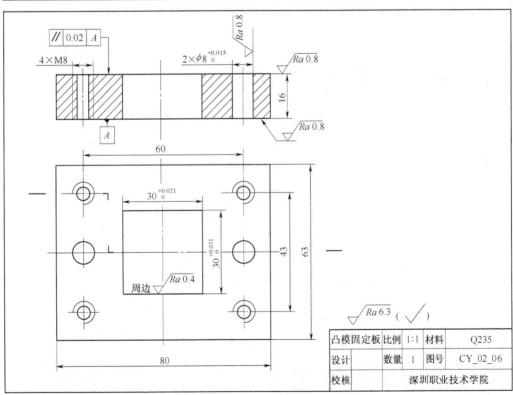

$\sqrt{Ra\ 6.3}$ ($\sqrt{\ }$)

凸模固定板	比例	1:1	材料	Q235
设计		数量	1	图号	CY_02_06
校核		深圳职业技术学院		

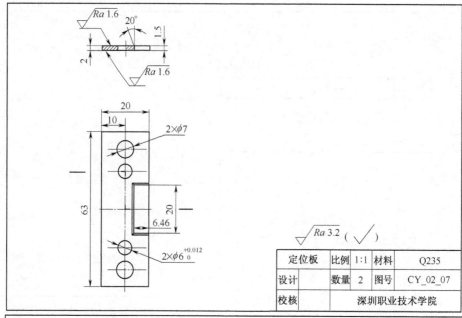

定位板	比例	1:1	材料	Q235
设计	数量	2	图号	CY_02_07
校核		深圳职业技术学院		

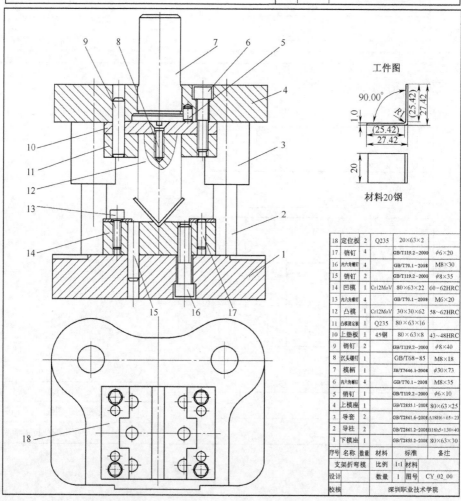

工件图

材料20钢

18	定位板	2	Q235	20×63×2	
17	销钉	4	GB/T119.2~2000	φ6×20	
16	内六角螺钉	4	GB/T70.1~2008	M8×30	
15	销钉	1	GB/T119.2~2008	φ8×35	
14	凹模	1	Cr12MoV	80×63×22	60~62HRC
13	内六角螺钉	4	GB/T70.1~2008	M6×20	
12	凸模	1	Cr12MoV	30×30×62	58~62HRC
11	凸模固定板	1	Q235	80×63×16	
10	上垫板	1	45钢	80×63×8	43~48HRC
9	销钉	2	GB/T119.2~2000	φ8×40	
8	圆头螺钉	1	GB/T68~85	M8×18	
7	模柄	1	JB/T7646.1~2008	φ30×73	
6	内六角螺钉	1	GB/T70.1~2008	M8×35	
5	销钉	1	GB/T119.2~2000	φ6×10	
4	上模座	1	GB/T2855.1~2008	80×63×25	
3	导套	2	GB/T2861.6~2008	A18H6×65×23	
2	导柱	2	GB/T2861.2~2008	B18h5×130×40	
1	下模座	1	GB/T2855.2~2008	80×63×30	
序号	名称	数量	材料	标准	备注
支架折弯模		比例	1:1	材料	
设计			数量	1	图号 CY_02_00
校核			深圳职业技术学院		

技 能 训 练

深 圳 职 业 技 术 学 院

shenzhen polytechnic

实 训(验)项 目 单

Training ltem

编制部门 Dept.：模具设计制造实训室　　　编制 Name：张梅　　编制日期 Date：

项目编号 Item No.	CY02	项目名称 Item	V形支架单工序弯曲 模设计	训练对象 Class	三年制	学时 Time	12 h
课程名称 Course	冲压模具设计		教材 Textbook	冲压模具设计			
目的 Objective	通过本项目的实训掌握单工序 V形弯曲模设计方法及步骤						

实训(验)内容（Content）

V形支架单工序弯曲模设计

1. 图样及技术要求	零件名称：V形支架 材料：20 钢 生产批量：40 000 件/年 零件简图：如图 2-36 所示 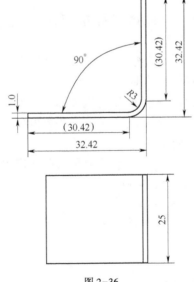 <div align="center">图 2-36</div>
2. 生产工作要求	手工送料，无裂纹，无翘曲
3. 任务要求	相关计算说明及绘图均在 AutoCAD 中完成
4. 完成任务的思路	参照教材中的任务顺序，依次完成模具设计的各项工作，在设计过程中掌握相关的知识技能

理 论 考 核

一、填空题(每题 2.5 分,共 40 分)

1. 弯曲零件的尺寸与模具工作零件尺寸不一致是由于＿＿＿＿＿＿而引起的,校正弯曲比自由弯曲时零件的尺寸精度＿＿＿＿＿＿。

2. 物体在外力作用下会产生变形,若外力去除以后,物体并不能完全恢复自己的＿＿＿＿＿＿＿,称为塑性变形。

3. 在实际冲压时,分离或成形后的冲压件的形状和尺寸与模具工作部分形状和尺寸不完全相同,就是因卸载引起的＿＿＿＿＿＿＿造成的。

4. 将各种金属坯料沿直线弯成一定＿＿＿＿和＿＿＿＿,从而得到一定形状和零件尺寸的冲压工序称为弯曲。

5. 弯曲时外侧材料受拉伸,当外侧的拉伸应力超过材料的抗拉强度以后,在板料的外侧将产生裂纹,此种现象称为＿＿＿＿＿＿＿。

6. 在外负荷作用下,材料产生塑性变形的同时,伴随弹性变形,当外负荷去掉以后,弹性变形恢复,使工件的＿＿＿＿和＿＿＿＿都发生了变化,这种现象称为回弹。

7. 在弯曲过程中,坯料沿凹模边缘滑动时受到摩擦阻力的作用,当坯料各边受到＿＿＿＿不等时,坯料会沿其长度方向产生滑移,从而使弯曲后的零件两直边长度不符合图样要求,这种现象称之为＿＿＿＿。

8. 为了确定弯曲前毛坯的＿＿＿＿和＿＿＿＿,需要计算弯曲件的展开尺寸。

9. 为了提高弯曲极限变形程度,对于侧面毛刺大的工件,＿＿＿＿;当毛刺较小时,也可以使有毛刺的一面处于＿＿＿＿,以免产生应力集中而开裂。

10. 在弯曲变形区内,内层纤维切向＿＿＿＿,外层纤维切向＿＿＿＿,而中性＿＿＿＿。

11. 弯曲件的展开尺寸应按＿＿＿＿展开计算。

12. 凹模圆角半径的大小对弯曲变形力,＿＿＿＿,＿＿＿＿等均有影响。

13. 对于有压料的自由弯曲,压力机公称压力为＿＿＿＿＿＿＿。

14. 弯曲时,工件折弯线的方向最好与板料的轧制方向＿＿＿＿＿＿＿。

15. 板料的最小弯曲半径是＿＿＿＿＿＿＿,用 r_{min} 表示。最小弯曲半径与板料厚度的比值 r_{min}/t 称为＿＿＿＿,它是衡量弯曲变形程度大小的重要指标。

二、简答题(每题 15 分,共 60 分)

1. 弯曲变形的特点是什么?

2. 控制回弹措施有哪些?

3. 产生偏移的原因是什么,控制偏移的措施是什么?

4. 弯曲产品设计时候要注意哪些问题?

项目三　无凸缘圆筒形钢杯拉深模设计

1. 了解拉深变形过程、特点。
2. 了解拉深工艺的主要质量问题及控制方法。
3. 熟悉拉深模具设计规范。
4. 掌握拉深模具设计方法。

能力目标

1. 熟练进行拉深展开尺寸计算。
2. 熟练进行拉深工件尺寸计算。
3. 熟练进行拉深力计算。
4. 熟练进行拉深模凸、凹模工作部分尺寸计算。
5. 熟练进行拉深模具结构设计。
6. 熟练进行拉深模凸、凹模零件设计。
7. 熟练进行拉深模压料装置设计。

素养目标

1. 在了解拉深模具工作原理过程中培养冲压安全意识。
2. 在拉深展开尺寸计算过程中培养严谨工作的职业态度。
3. 在拉深工序件尺寸计算过程中培养职业道德。
4. 在拉深模具结构设计过程中培养合作意识。
5. 在拉深模具零部件设计过程中培养产品质量意识。

任务一　拉深工艺分析

任务目标

(1) 了解拉深变形过程及特点。
(2) 了解拉深工艺质量控制方法。
(3) 掌握拉深件结构工艺设计规范。
(4) 会分析零件的拉深工艺。

任务描述

从尺寸、结构、材料、批量四方面对图3-1所示零件的拉深工艺进行分析。

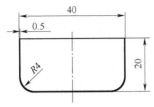

零件名称：无凸缘圆筒形钢杯
材料：10钢
生产批量：24 000件/年

图3-1　无凸缘圆筒形钢杯

相关知识

一、拉深变形过程及特点

1. 拉深变形过程

拉深变形过程如图3-2所示。将直径为D、厚度为t的坯料放在凹模3的上表面,凸模1下行,首先是压料圈2(又称压边圈)压住坯料,接着凸模1向下压坯料。

随着凸模1的继续下行,凸模1将坯料逐渐拉入凸、凹模间的间隙,留在凹模3端面上的毛坯外径不断缩小。

当坯料全部进入凸、凹模间的间隙时,拉深过程结束,直径为D的平板毛坯就变成了直径为d、高度为H的开口圆筒形工件。

2. 拉深变形特点

在圆形毛坯表面上画出许多等间距的同心圆和等分中心角度的辐射线,如图3-3(a)所示。拉深后观察由这些同心圆与辐射线所组成的扇形网格,可以发现,筒形件底部的网

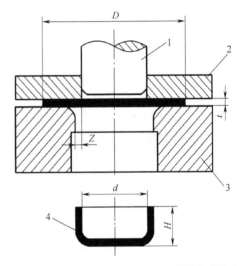

图3-2　拉深模具的工作过程及拉深变形特点
1—凸模;2—压料圈;3—凹模;4—拉深工件

格基本上保持原来的形状,而筒壁部分的网格则发生了很大的变化,由扇形网格变形成为矩形网格,如图3-3(b)所示。原来的直径不同的同心圆变成了筒壁上直径相同的水平圆周线,不仅圆周周长缩短,而且其间距a也增大了,愈靠近筒的口部间距增大愈多,即$a_1>a_2>a_3>\cdots>a_n$。

由上述现象可知,在拉深变形过程中,坯料各部分的变形是不一样的。毛坯的中心部分成为筒形件的底部(见图3-4中所示Ⅴ的部分),基本不变形,是不变形区;凹模口外的环形部分(见图3-4中Ⅰ的部分)是主要变形区;凹模圆角区(见图3-4中所示的Ⅱ部)、凸模圆角部分(见图3-4中所示的Ⅳ部分)是过渡区;筒壁部分(见图3-4中所示的Ⅲ部分)是传力区。

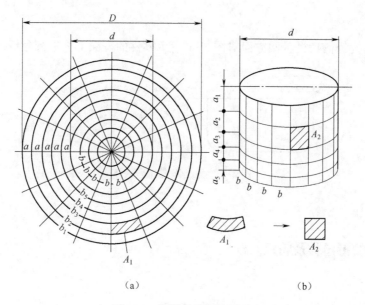

（a）   （b）

图 3-3　拉深件的网格试验

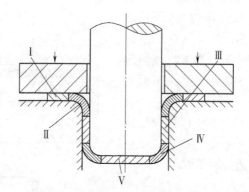

图 3-4　拉深毛坯的应变分区

二、拉深工艺的主要质量问题及防止措施

拉深工艺的主要质量问题有凸缘的起皱、筒底拉裂等，如图 3-5 所示。

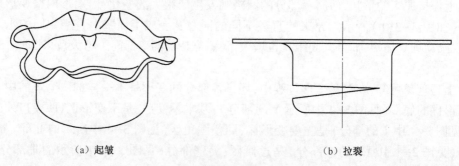

（a）起皱　　　　　　　　　　　　　　　（b）拉裂

图 3-5　拉深件凸缘起皱、筒底拉裂

1. 起皱

在拉深时,凸缘部分材料在直径方向伸长,圆周方向压缩,当圆周方向压力达到一定值时,凸缘部分材料便失去稳定而产生弯曲。这种在凸缘的整个周围产生波浪形的连续弯曲,称为起皱,如图3-5(a)所示。

拉深件起皱后,制件口凸缘部分产生波纹,不仅会使拉深件质量降低,而且会导致拉深力急剧增大,使拉深件过早破裂,有时甚至会损坏模具和设备。

(1)影响起皱的主要因素

①板料的相对厚度t/D。板料在圆周方向受压时,其厚度越薄越容易起皱;反之不容易起皱。

②拉深系数m。拉深件直径d与板料外径D的比值m称为拉深系数。m越小,拉深变形程度越大,变形区圆周方向压应力相应增大,板料的起皱趋势也越大。

(2)防起皱的措施

通常的防起皱措施是增加压边装置,使板料可能起皱的部分被夹在凹模平面与压边圈之间,让板料在两平面之间顺利通过。

2. 拉裂

在拉深过程中,凸缘部分材料逐渐转移到筒壁。在筒底圆角部分与筒壁部分的交界处,其变薄相对最为严重,成为整个拉深件最薄弱的地方,通常称此断面为"危险断面"。如果此处的拉应力超过材料的强度极限,则拉深件将在此处被拉裂,如图3-5(b)所示。

防止拉裂的主要措施是适当加大模具圆角半径,采用适当的拉深系数和压边力,采用多次拉深和在凹模与压边圈之间涂润滑剂。

三、拉深件工艺设计规范

1. 拉深件外形及尺寸

拉深件的形状应尽量简单、对称,应尽量减少其高度,使其尽可能用一次或两次拉深工序来完成。

对于半敞开及非对称的空心件,应考虑成对拉深,然后剖开,如图3-6所示。

由于拉深件各部位的厚度变化不同,在设计拉深件时,应注明必须保证内形尺寸[见图3-7(a)]或外形尺寸[见图3-7(b)],不能同时标注内外形尺寸。

图3-6　半敞开及非对称的空心件

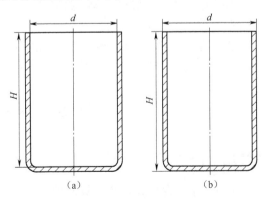

图3-7　拉深件尺寸标注

2. 拉深件圆角半径

如图 3-8 所示,为了使拉深顺利进行,拉深件的底与壁圆角半径 r_p、凸缘与壁 r_d、盒形件的四壁间的圆角半径 r 应满足:$r_p \geq t$,$r_d \geq 2t$,$r \geq 3t$,否则,应增加整形工序。

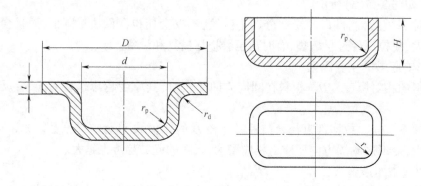

图 3-8 拉深件圆角半径

3. 拉深件的公差等级

拉深件的尺寸公差等级一般都在 IT13 级以下。如果尺寸公差等级要求高于 IT13 级,应增加整形工序。

任务实施

图 3-1 所示零件的拉深工艺分析如下。

1. 外形及尺寸

工件为无凸缘圆筒形零件,要求控制外形尺寸,对厚度变化没有要求,工件的形状满足拉深工艺要求;底部圆角半径 $r = 4\ mm > t = 0.5\ mm$,满足拉深工艺对拉深件底与壁圆角半径的要求。

2. 精度

尺寸未注公差,按 IT14 级处理,经查附录表-6 各尺寸公差如下:$\phi 40_{-0.62}^{0}\ mm$,$R4_{-0.3}^{0}\ mm$,$20.0_{-0.25}^{0}\ mm$,拉深件的尺寸公差等级可达到 IT13,因此,拉深工艺可满足工件尺寸公差要求。

3. 材料

10 钢为优质碳素钢,适合拉深工艺。

4. 批量

该产品为中批量,采用单工序拉深模具能满足生产需要。

综上所述,该产品适合采用单工序拉深模具生产。

任务二 展开尺寸计算

任务目标

(1)了解拉深展开尺寸计算原理。

(2)掌握圆筒形拉深件展开尺寸计算方法。

（3）会计算圆筒形拉深件展开尺寸。

任务描述

计算图 3-1 所示零件的展开尺寸。

相关知识

1. 修边余量

由于拉深后工件口部不平,通常拉深后需要修边,因此计算毛坯尺寸时应在工件高度方向上增加修边余量,无凸缘圆筒形件修边余量见表 3-1。

表 3-1　无凸缘圆筒形件的修边余量 δ　　　　　　　　　　　　　　单位:mm

拉深高度 h	拉深件相对高度 h/d				附　　图
	≥0.5~0.8	>0.8~1.6	>1.6~2.5	>2.5~4	
≤10	1.0	1.2	1.5	2.0	
10~20	1.2	1.6	2.0	2.5	
20~50	2.0	2.5	3.3	4.0	
50~100	3.0	3.8	5.0	6.0	
100~150	4.0	5.0	6.5	8.0	
150~200	5.0	6.3	8.0	10.0	
200~250	6.0	7.5	9.0	11.0	
>250	7.0	8.5	10.0	12.0	

2. 展开尺寸计算（毛坯直径计算）

对于不变薄拉深,是根据毛坯形状与拉深件形状相似,毛坯面积与拉深件表面积相同的原则来确定展开尺寸(毛坯尺寸)。

如图 3-9 所示,对于无凸缘圆筒形件,将筒形件划分为 3 个部分,设各部分的面积分别为 A_1,A_2,A_3,则:

$$A_1 = \pi d(H - r)$$

$$A_2 = \frac{\pi}{4}\left[2\pi r(d - 2r) + 8r^2\right] \tag{3-1}$$

$$A_3 = \frac{\pi}{4}(d - 2r)^2$$

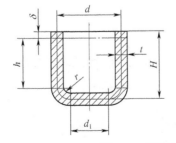 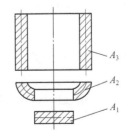

图 3-9　筒形件坯料尺寸计算

111

设坯料直径为 D ,根据相似性原理及拉深前后面积相等的原则,可得:

$$\frac{\pi}{4}D^2 = A_1 + A_2 + A_3 = \sum A_i \qquad (3-2)$$

将式(3-1)代入式(3-2),整理后可得:

$$D = \sqrt{d^2 + 4\delta H - 1.72rd - 0.56r^2} \qquad (3-3)$$

须注意式(3-3)中的 H 包括修边余量 δ ;当工件壁厚 $t \geq 1$ mm 时, d 应按中线计算;当工件壁厚 $t < 1$ mm 时, d 按内形或外形尺寸计算均可。

任务实施

图 3-1 所示零件展开尺寸(毛坯尺寸)的计算过程如下:

1. 确定修边余量 δ

该制件 $h = 20$ mm , $d = 40$ mm ,则 $h/d = 0.5$ 。根据 h 及 h/d 查表 3-1 可确定修边余量 $\delta = 1.2$ mm。

2. 计算毛坯直径。

板料厚度小于 1 mm 时,展开尺寸按内形或外形计算的结果差别不大。本例产品厚度为 0.5 mm,因此,直接按产品图上标注的尺寸(即外形尺寸)进行计算。

$$D = \sqrt{d^2 + 4\delta H - 1.72dr - 0.56r^2}$$
$$= \sqrt{40^2 + 4 \times 40 \times 21.2 - 1.72 \times 40 \times 4 - 0.56 \times 4^2} \approx 68.7(\text{mm})$$

任务三　工序件尺寸计算

任务目标

(1)了解拉深系数、极限拉深系数概念。

(2)掌握多次拉深时工序件尺寸计算方法。

(3)会计算多次拉深时工序件尺寸。

任务描述

判断图 3-1 所示零件是否需要多次拉深,如需要多次拉深,则进行工序件尺寸计算。

相关知识

一、工序件尺寸计算规范

1. 拉深系数

拉深后的制件直径与拉深前的毛坯(或工序件)直径的比值,称为拉深系数,拉深系数用符号 m 表示。

对于单次拉深,拉深系数按式(3-4)计算:

$$m = \frac{d}{D} \qquad (3-4)$$

式中：m——拉深系数；

　　　d——工件直径；

　　　D——毛坯直径。

对于多次拉深，如图 3-10 所示，拉深系数可按式(3-5)计算：

$$m_1 = d_1/D$$

$$m_2 = d_2/d_1$$

$$\cdots$$

$$m_{n-1} = d_{n-1}/d_{n-2}$$

$$m_n = d_n/d_{n-1}$$

$$m_总 = \frac{d_n}{D} = \frac{d_1}{D}\frac{d_2}{d_1}\frac{d_3}{d_2}\cdots\frac{d_{n-1}}{d_{n-2}}\frac{d_n}{d_{n-1}}$$

$$= m_1 m_2 \cdots m_{n-1} m_n$$

(3-5)

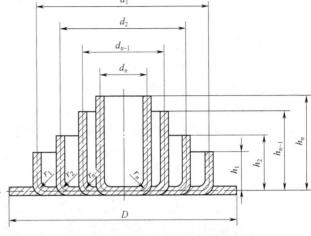

图 3-10　圆筒形件多次拉深件示意图

式中：　　　　　　　D——拉深前毛坯直径；

m_1、m_2、m_3、$\cdots$、m_n——各次拉深系数；

d_1、d_2、d_3、$\cdots$、d_{n-1}、d_n——各次拉深制件的直径；

　　　　　　　$m_总$——多次拉深成形制件的总拉深系数。

2. 极限拉深系数

根据拉深系数的定义可知，拉深系数越小，则表示拉深变形程度越大。当拉深系数 m 减少到某一极限值时，就会使拉深件起皱、破裂或严重变薄超差，这个极限值就称为极限拉深系数，带压边圈时的极限拉深系数见表 3-2，在实际生产中，一般情况下均采用大于极限值的拉深系数。

表 3-2　带压边圈时圆筒形件的极限拉深系数

拉深系数	坯料相对厚度 $t/D \times 100$					
	2.0~1.5	1.5~1.0	1.0~0.6	0.6~0.3	0.3~0.15	0.15~0.08
m_1	0.48~0.50	0.50~0.53	0.53~0.55	0.55~0.58	0.58~0.60	0.60~0.63
m_2	0.73~0.75	0.75~0.76	0.76~0.78	0.78~0.79	0.79~0.80	0.80~0.82
m_3	0.76~0.78	0.78~0.79	0.79~0.80	0.80~0.81	0.81~0.82	0.82~0.84
m_4	0.78~0.80	0.80~0.81	0.81~0.82	0.82~0.83	0.83~0.85	0.85~0.86
m_5	0.80~0.82	0.82~0.84	0.84~0.85	0.85~0.86	0.86~0.87	0.87~0.88

注：1. 表中拉深系数适用于 08 钢、10 钢和 15F 钢等普通拉深碳钢及软黄铜 H62、H68。对拉深性能较差的材料，如 20 钢、25 钢、Q215 钢、Q235 钢、硬铝等的拉深系数取值应比表中数值大 1.5%~2.0%。

　　2. 表中数据适用于未经中间退火的拉深，若采用中间退火工序时，所取值应较表中数值小 2%~3%。

　　3. 表中较小值适用于大的凹模圆角半径 $r_凹 = (8 \sim 15)t$，较大值适用于小的凹模圆角半径 $r_凹 = (4 \sim 8)t$。

3. 拉深次数

拉深次数的确定可采用推算法。根据坯料相对厚度，由表 3-2 查得各次拉深的极限拉深系数，然后依次计算出各次拉深工序件的直径，即：

$$d_1 = m_1 D , \quad d_2 = m_2 d_1 , \cdots , d_n = m_n d_{n-1} \tag{3-6}$$

当计算到 $d_n < d$ 时,即当计算所得直径小于或等于工件直径 d 时,计算的次数 n 即为拉深次数。

4. 工序件直径

按式(3-6)计算拉深工序件直径,当计算所得的 d_n 小于工件直径 d,则应调整各次拉深系数,使 $d_n = d$,并按调整后的拉深系数重新计算各工序件直径。

调整时依照下列原则:变形程度逐次减小,即后续拉深系数逐次增大。

5. 工序件高度

工序件直径确定后,根据拉深前后表面积相等原则,可推导出工序件高度计算公式(3-7)。

$$h_1 = 0.25\left(\frac{D^2}{d_1} - d_1\right) + 0.43\frac{r_1}{d_1}(d_1 + 0.32r_1)$$

$$h_2 = 0.25\left(\frac{D^2}{d_2} - d_2\right) + 0.43\frac{r_2}{d_2}(d_2 + 0.32r_2) \tag{3-7}$$

$$\cdots$$

$$h_n = 0.25\left(\frac{D^2}{d_n} - d_n\right) + 0.43\frac{r_n}{d_n}(d_n + 0.32r_n)$$

式中:$h_1, h_2, \cdots, h_n$——各次拉深工序件高度(mm);

$\qquad D$——坯料直径(mm);

$d_1, d_2, \cdots, d_n$——各次拉深工序件直径(mm);

$r_1, r_2, \cdots, r_n$——各次拉深工序件底部圆角半径(即相应的拉深凸模的圆角半径)。

首次拉深时,凸、凹模圆角半径按式(3-8)、式(3-9)计算。

$$r_{d1} = 0.8\sqrt{(D - d_1) \times t} \tag{3-8}$$

$$r_{p1} = (0.6 \sim 1)r_{d1} \tag{3-9}$$

中间各过渡工序,圆角半径逐渐减小。

$$r_{d(n)} = (0.6 \sim 0.8)r_{d(n-1)} \tag{3-10}$$

$$r_{p(n)} = (0.7 \sim 1.0)r_{d(n)} \tag{3-11}$$

最后一次拉深时,凸模圆角半径取工件底部圆角半径相同值。

二、采用压边圈的条件

在分析拉深工艺时,应判断在拉深过程中是否会起皱,如果不起皱,则不用压边圈;否则,应该使用压边装置,在生产中判断是否采用压边圈的条件见表3-3。

表 3-3　采用压边圈的条件(平面凹模)

拉深方法	第一次拉深		以后各次拉深	
	$(t/D) \times 100$	m_1	$(t/D_{n-1}) \times 100$	m_1
用压边圈	<1.5	<0.6	<1	<0.80
可用可不用	=1.5~2.0	=0.6	=1~1.5	=0.80
不用压边圈	>2.0	>0.6	>1.5	>0.80

任务实施

拉深次数的确定过程如下。

工件总的拉深系数为：$m_{\text{总}} = d/D = 40/68.7 = 0.582$。

毛坯相对厚度为：$t/D \times 100 = 0.5/68.7 \times 100 = 0.728$。

根据 $t/D \times 100 = 0.728$，查表 3-3，可确定第一次拉深时应采压边圈；查表 3-2，可确定首次拉深的极限拉深系数为：$m_1 = 0.53 \sim 0.55$。

因为 $m_{\text{总}} > m_1$，故工件可一次拉深成形。

任务四　拉深力计算及压力机选择

任务目标

（1）了解拉深力、压边力概念。

（2）掌握拉深力、压边力计算方法。

（3）会计算拉深力、压边力。

任务描述

对图 3-1 所示零件的拉深力进行计算，并初选压力机型号、参数。

相关知识

1. 拉深力

如图 3-11 所示，采用压边圈的拉深力按式（3-12）和式（3-13）计算。

首次拉深：
$$F_1 = K_1 \pi d_1 t \sigma_b \qquad (3\text{-}12)$$

以后各次拉深：
$$F_i = K_2 \pi d_i t \sigma_b \ (i = 2、3、4 \cdots n) \qquad (3\text{-}13)$$

式中：F_1、F_i——拉深力；

　　d_1、$\cdots$、d_i——各次拉深后的工序件直径；

　　　　t——板料厚度；

　　　σ_b——拉深材料的抗拉强度；

　　K_1、K_2——修正系数，其值见表 3-4 和表 3-5。

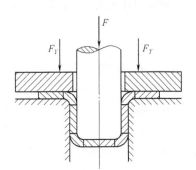

图 3-11　拉深力与压料力

表 3-4　修正系数 K_1

m_1	0.55	0.57	0.60	0.62	0.65	0.67	0.70	0.72	0.75	0.77	0.80
K_1	1.0	0.93	0.86	0.79	0.72	0.66	0.60	0.55	0.50	0.45	0.40

表 3-5　修正系数 K_2

m_2、m_3	0.70	0.72	0.75	0.77	0.80	0.85	0.90	0.95
K_2	1.0	0.95	0.90	0.85	0.80	0.70	0.60	0.50

2. 压边力计算

任何形状的拉深件的压边力可按式(3-14)计算：

$$F_Y = A \times p \tag{3-14}$$

式中：p ——单位压边力(MPa)，可按表3-6选取；

A ——毛坯被压边圈及凹模夹住部分的面积(mm^2)。

圆筒形件首次拉深的压边力：$F_Y = \dfrac{\pi}{4}[D^2 - (d_1 + 2r_{d1})^2]p \tag{3-15}$

圆筒形件以后各次拉深的压边力：$F_Y = \dfrac{\pi}{4}[d_{i-1}^2 - (d_i + 2r_{di})^2]p$（$i = 2,3,\cdots,n$）

$$\tag{3-16}$$

表3-6 单位压边力 p

材 料 名 称	单位压边力 p/MPa
铝	0.8~1.2
紫铜、硬铝(退火)	1.2~1.8
黄铜	1.5~2.0
软钢	2.0~2.5
镀锌钢板	2.5~3.0
耐热钢(软化状态)	2.8~3.5
高合金钢、高锰钢、不锈钢	3.0~4.5

3. 压力机公称压力的确定

拉深总压力按式(3-17)计算：

$$F_Z = F + F_Y \tag{3-17}$$

式中：F ——拉深力；

F_Y ——压边力。

在实际生产中可按式(3-18)和式(3-19)来确定压力机的公称压力。

浅拉深 $\qquad\qquad F_{压力机} \geqslant (1.25 \sim 1.4)F_Z \tag{3-18}$

深拉深 $\qquad\qquad F_{压力机} \geqslant (1.7 \sim 2.0)F_Z \tag{3-19}$

式中：$F_{压力机}$ ——压力机的公称压力。

任务实施

1. 拉深力与压边力的计算

(1)拉深力

根据 $m_1 = 0.53 \sim 0.55$ 查表3-4,确定 $K_1 = 0.9$

根据式(3-12)确定拉深力为：

$$F_1 = K_1 \pi d_1 t \sigma_b = 0.9 \times 3.14 \times 40 \times 0.5 \times 400 = 22\,608(N)$$

(2)压边力

凹模圆角半径 $r_d = 4$ mm(见后述的凹模结构设计部分)。

根据式(3-15)确定拉深所需的压边力为：

$$F_Y = \frac{\pi}{4}[D^2 - (d_1 + 2r_d)^2]p = \frac{3.14}{4}[68.7^2 - (40 + 2 \times 4)^2] \times 2.0 \approx 3\,793\,(N)$$

根据式(3-17)确定拉深所需的总压力为:

$$F_Z = F_1 + F_Y = 22\,608 + 3\,793 = 26\,401\,(N)$$

2. 初选压力机

根据式(3-18)确定压力机的公称压力为: $F_{压力机} \geq 1.3 \times F_Z = 1.3 \times 26\,401 \approx 34\,321\,(N)$

根据压力机的公称压力大于 $F_{压力机}$,滑块行程大于工件高 2.5~3.0 倍。故初选压力机型号为 J23-25,参数如下。

公称压力:250 kN;

滑块行程:65 mm;

最大闭合高度:270 mm;

连杆调节量:55 mm;

工作台尺寸(前后×左右):370 mm×560 mm;

工作台孔尺寸:200 mm×290 mm;

模柄尺寸(直径×深度):ϕ40 mm×60 mm;

垫板尺寸厚度:50 mm。

任务五　拉深模的工作部分尺寸计算

任务目标

(1)了解拉深模工作部分结构。

(2)掌握拉深模工作部分尺寸计算方法。

(3)会计算拉深模凸、凹模工作部分尺寸。

任务描述

计算拉深模的工作部分尺寸。

相关知识

1. 拉深模间隙的选取

如图 3-12 所示,拉深模间隙 C 是指凸、凹模之间的单边间隙。

$$C = \frac{1}{2}(D_d - D_p) \qquad (3-20)$$

拉深模间隙小,坯料与模具间的摩擦加剧,拉深力大,模具磨损大,使拉深件减薄甚至拉裂,但工件回弹小,精度高;拉深模间隙大,坯料易起皱,精度低。

生产实际中,模具有压边圈时,拉深模间隙按表 3-7 选取。

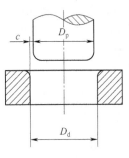

图 3-12　拉深间隙

表 3-7　有压边圈拉深时的单边间隙

总拉深次数	拉深工序	单边间隙 C	总拉深次数	拉深工序	单边间隙 C
1	第 1 次拉深	$(1.0 \sim 1.1)t$	4	第 1、2 次拉深	$1.2t$
2	第 1 次拉深	$1.1t$		第 3 次拉深	$1.1t$
	第 2 次拉深	$(1.0 \sim 1.05)t$		第 4 次拉深	$(1.0 \sim 1.05)t$
3	第 1 次拉深	$1.2t$	5	第 1、2、3 次拉深	$1.2t$
	第 2 次拉深	$1.1t$		第 4 次拉深	$1.1t$
	第 3 次拉深	$(1.0 \sim 1.05)t$		第 5 次拉深	$(1.0 \sim 1.05)t$

注：1. 板料厚度取允许偏差的中间值。

2. 当拉深精密制件时，末次拉深间隙 $C = (0.9 \sim 1.0)t$。

2. 凸模和凹模工作部分的尺寸及制造公差

（1）如图 3-13（a）所示，当制件要求外形尺寸时，以凹模为基准，先确定凹模尺寸，因为凹模尺寸在拉深中随磨损量的增加而逐渐变大，因此应取工件的最小极限尺寸，末次拉深计算公式见式（3-21）和式（3-22）。

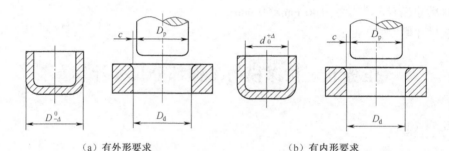

（a）有外形要求　　　　　　　　　（b）有内形要求

图 3-13　拉深制件的标注方式与模具工作部分尺寸

凹模尺寸：
$$D_{\mathrm{d}} = (D_{\max} - 0.75\Delta)_{0}^{+\delta_{\mathrm{d}}} \tag{3-21}$$

凸模尺寸：
$$D_{\mathrm{p}} = (D_{\max} - 0.75\Delta - 2C)_{-\delta_{\mathrm{p}}}^{0} \tag{3-22}$$

中间各次拉深计算公式见式（3-23）和式（3-24）。

凹模尺寸：
$$D_{\mathrm{d}} = (D_{\max})_{0}^{+\delta_{\mathrm{d}}} \tag{3-23}$$

凸模尺寸：
$$D_{\mathrm{p}} = (D_{\max} - 2C)_{-\delta_{\mathrm{p}}}^{0} \tag{3-24}$$

（2）如图 3-13（b）所示，当制件要求内形尺寸时，以凸模为基准，先确定凸模尺寸。因为凸模会越磨越小，因此应取工件的最大极限尺寸。

末次拉深计算公式见式（3-25）和式（3-26）。

凸模尺寸：
$$D_{\mathrm{p}} = (d_{\min} + 0.4\Delta)_{-\delta_{\mathrm{p}}}^{0} \tag{3-25}$$

凹模尺寸：
$$D_{\mathrm{d}} = (d_{\min} + 0.4\Delta + 2C)_{0}^{+\delta_{\mathrm{d}}} \tag{3-26}$$

中间各次拉深计算公式见式（3-27）和式（3-28）。

凸模尺寸：
$$D_{\mathrm{p}} = (d_{\min})_{-\delta_{\mathrm{p}}}^{0} \tag{3-27}$$

凹模尺寸：
$$D_{\mathrm{d}} = (d_{\min} + 2C)_{0}^{+\delta_{\mathrm{d}}} \tag{3-28}$$

凸、凹模的制造公差 δ_{d} 和 δ_{p} 可按表 3-8 选取。

表 3-8　拉深凸、凹模制造公差 δ_p、δ_d　　　　　　单位:mm

板料厚度 t	拉深件直径					
	≤20		>20~100		>100	
	δ_d	δ_p	δ_d	δ_p	δ_d	δ_p
≤0.5	0.02	0.01	0.03	0.02	—	—
>0.5~1.5	0.04	0.02	0.05	0.03	0.08	0.05
>1.5	0.06	0.04	0.08	0.05	0.10	0.06

注:δ_p、δ_d 在必要时可提高至 IT6~IT8 级。若制件公差在 IT13 级以下,则 δ_p、δ_d 可以采用 IT10 级。

（3）拉深模具的圆角半径。

①凹模圆角半径 r_d。

如图 3-14 所示,首次拉深时凹模圆角半径 r_d 按式（3-8）计算。后续各次拉深时凹模圆角半径应逐步减小,其值可按式（3-10）确定。

但应大于或等于 $2t$。若其值小于 $2t$,一般很难拉出,只能靠拉深后整形得到所需尺寸零件。

②凸模圆角半径 r_p。

如图 3-14 所示,首次拉深时凸模圆角半径 r_p 可按式（3-9）计算,中间各次拉深可按式（3-11）计算,最后一次拉深时凸模圆角半径应取与工件底部圆角半径相等的数值。

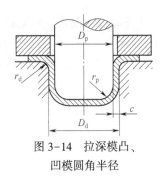

图 3-14　拉深模凸、凹模圆角半径

任务实施

拉深模工作部分尺寸计算过程如下:

1. 凸、凹模间隙计算

查表 3-7,可得有压边圈第一次拉深时的单边间隙为:$C = (1~1.1)t = 1.1 \times 0.5 = 0.55$ mm

2. 凸模、凹模工作部分尺寸计算

凸、凹模的制造公差 δ_p 和 δ_d 可按表 3-8 选取,凹模、凸模工作部分尺寸按式（3-21）、式（3-22）计算。

凹模尺寸:$D_d = (D_{max} - 0.75\Delta)^{+\delta_d}_{0} = (40 - 0.75 \times 0.62)^{+0.03}_{0} \approx 39.54^{+0.03}_{0}$（mm）

凸模尺寸:$D_p = (D_d - 2C)^{0}_{-\delta_p} = (39.54 - 2 \times 0.55)^{0}_{-0.02} = 38.44^{0}_{-0.02}$（mm）

3. 凸、凹模的圆角半径的计算

①凹模圆角半径 r_d 按式（3-8）计算。

$$r_d = 0.8\sqrt{(D - d_1)t} = 0.8\sqrt{(68.7 - 40) \times 0.5} \approx 3.03\text{（mm）}$$

取凹模圆角半径为 4 mm。

②凸模圆角半径 r_p:因为制件可一次拉成,且零件图上所标注的圆角半径大于 r_p 的最小合理值,所以 r_p 值取与制件底部圆角半径相同的值,即取 $r_p = 4$ mm。

任务六　拉深模的结构设计

任务目标

（1）了解拉深模的典型结构。

（2）掌握拉深模结构设计方法。

（3）会设计拉深模结构。

任务描述

根据图 3-1 所示零件图设计拉深模的结构。

相关知识

1. 有压边装置的正装式拉深模

拉深模具的结构与冲裁模具的结构类似。图 3-15 所示为带压边圈的正装式拉深模,适合冲制厚度较小(t<2 mm)、拉深高度较小的小型零件。

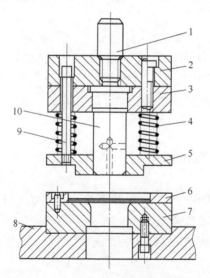

图 3-15　有压边圈的拉深模具的结构

1—模柄;2—上模座;3—凸模固定板;4—弹簧;5—压边圈;
6—定位板;7—凹模;8—下模座;9—卸料螺钉;10—凸模

拉深模具的压边装置(序号 4、5、9)可参考冲裁模的弹性卸料装置进行设计,定位装置(序号 6)一般采用定位板外型定位。紧固零件、支撑零件、导向零件的设计等均可参照项目一冲裁模的设计方法。

2. 有压边装置的倒装拉深模结构

图 3-16 所示为压边圈装在下模部分的倒装拉深模。由于弹性元件装在下模座下面,因此空间较大,允许弹性元件有较大的压缩行程,可以拉深深度较大一些的拉深件。

在拉深时,锥形压边圈 6 先将毛坯压成锥形,使毛坯的外径已经产生一定量的收缩,然后再将其拉成筒形件。采用这种结构,有利于拉深变形,可以降低极限拉深系数。

图 3-17 所示为有压边装置的以后各次拉深模。拉深前,毛坯套在压边圈 4 上,压边圈的形状必须与上一次拉出的半成品相适应。拉深后,压边圈将冲压件从凸模 3 上托出,推件板 1 将冲压件从凹模中推出。

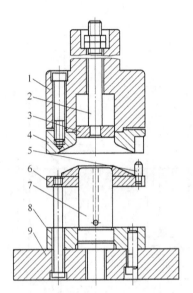

图 3-16　有压边装置倒装拉深模

1—上模座;2—推杆;3—推件板;4—锥形凹模;5—限位柱;
6—锥形压边圈;7—拉深凸模;8—固定板;9—下模座

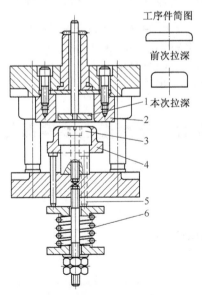

图 3-17　有压边装置的倒装式以后各次拉深模

1—推件板;2—拉深凹模;3—拉深凸模;
4—压边圈;5—顶杆;6—弹簧

![手]任务实施

经过工艺性分析计算,可知工件能一次拉深成型,模具拟采用带压边圈的正装式结构,采用这种结构的优势在于模具结构简单,利用凸模将工件直接顶出凹模,压边圈能有效阻止坯料变形,拉深模结构设计简图如图3-18所示。

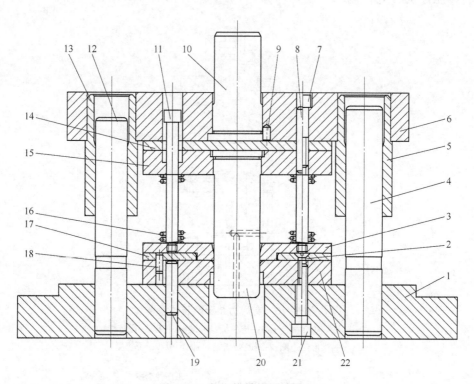

图3-18 拉深模结构设计图

1—下模座;2—沉头螺钉;3—压边圈;4,12—导柱;5,13—导套;6—上模座;
7,21—内六角螺钉;8,9,18,19—圆柱销钉;10—模柄;11—卸料螺钉;14—凸模垫板;
15—凸模固定板;16—弹簧;17—定位板;20—凸模;22—凹模

任务七 拉深模主要零部件设计

![沙漏]任务目标

(1)了解拉深模凸、凹模结构。

(2)掌握拉深模凸、凹模设计方法。

(3)会设计拉深模凸、凹模。

![沙漏]任务描述

(1)确定图3-1所示零件的拉深凸、凹模结构及尺寸。

(2)确定凸模固定板、凸模垫板、定位板结构及尺寸。

（3）确定弹簧、卸料螺钉、压边圈规格、参数。

相关知识

1. 拉深凸模的结构

拉深后由于受空气压力的作用工件包紧在凸模上不易脱下，材料厚度较薄时冲件甚至会被压瘪。因此，通常都需要在凸模上留有通气孔［见图3-19（a）］。

通气孔的开口高度 h_1 应大于制件的高度 H，一般取：

$$h_1 = H + (5 \sim 10)\ \text{mm}$$

$$(3-29)$$

通气孔的直径不宜太小，否则

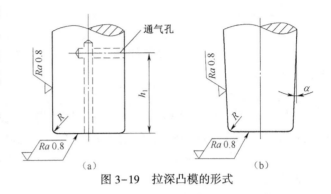

图3-19　拉深凸模的形式

容易被润滑剂堵塞或因通气量小而导致气孔不起作用。圆形凸模通气孔的尺寸见表3-9。

拉深后为了使制件容易从模具上脱下，凸模的高度方向应带有一定锥度［见图3-19（b）］，一般圆筒形零件的拉深，α 可取 $2' \sim 5'$。

表3-9　通气孔尺寸

凸模直径/mm	~50	>50~100	>100~200	>200
出气孔直径/mm	5	6.5	8	9.5

2. 拉深凹模的结构

对于可一次拉成型的浅拉深件，其凹模可采用图3-20（a）或图3-20（b）所示结构。

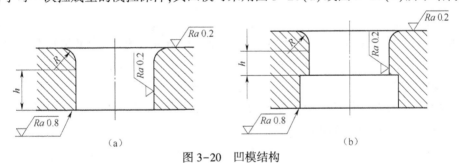

图3-20　凹模结构

图3-20中圆角以下的直壁部分是坯料受力变形形成圆筒形件侧壁、产生滑动的区域，其值 h 应尽量地取小些。但如果 h 过小，则在拉深过程结束后制件会有较大的回弹，而使拉深件在整个高度上各部分的尺寸不能保持一致；而当 h 过大时，拉深件侧壁在凹模洞口直壁部分滑动时摩擦力增大而造成侧壁过分变薄。

直壁部分的高度 h 在精拉深时可取 6~10 mm，在普通拉深时可取 9~13 mm。

拉深完成后由于金属弹性回复的作用，制件的口部略有增大。这时，凹模口部直壁部分的下端应做成直角，这样在凸模回程时，凹模就能将拉深件钩下，直角部分单边宽度可取 2~5 mm。

任务实施

1. 凹模尺寸

（1）凹模外径

根据凹模工作部分直径 D_d = 39.54 mm、凹模壁厚 30~40 mm，可确定凹模外径为：

$$凹模外径 = 39.54 + 2×(30~40) = 99.54~109.54(mm)$$

考虑要在凹模上布置较多零件，因此适当加大凹模尺寸。查附录表-16，将凹模外径确定为 ϕ160 mm。

（2）凹模高度

根据凹模圆角半径 r_d = 4 mm、凹模直壁段高度 h 取 6~10 mm、直角部分高度可取 6~10 mm，用作图法可求出凹模高度，也按下式求出凹模高度：

$$凹模高度 = 4 + (6~10) + (6~10) = 16~24(mm)$$

查附录表-16，可确定凹模高度为：20 mm。

根据已确定的凹模外径、凹模高度，调整凹模壁厚及其他各部分结构尺寸，凹模最终设计结果如图 3-21 所示。

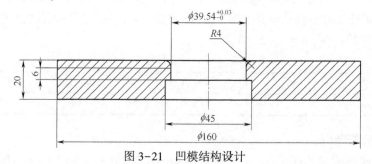

图 3-21　凹模结构设计

2. 定位板尺寸

根据板料厚度 t = 0.5 mm，根据项目二的介绍可确定定位板的定位部分厚度为 h = 2.5 mm，整个厚度取 5.5 mm，参考凹模外径，定位板规格尺寸初定为 ϕ160 mm×5.5 mm。

3. 凸模垫板尺寸

根据项目一介绍，凸模垫板厚度范围为 6~12 mm，本例初定为 8 mm，查附录表-16，可确定凸模垫板规格为 ϕ160 mm×8 mm。

4. 凸模固定板

凸模固定板厚度初定为 20 mm。查附录表-16，可确定凸模固定板规格为 ϕ160 mm× 20 mm。

5. 弹性压边装置设计

拉深结束时，压边装置与相关零件的相对位置关系如图 3-22 所示。

①压边圈尺寸。按项目一确定卸料板厚度的方法（一般取 10~20 mm）确定压边圈厚度，压边圈总厚度取为 14 mm，其中凸起台阶部分高取 6 mm，与 M8 卸料螺钉配合部分厚度 8 mm。

②弹簧规格参数。初选 6 个弹簧，每个弹簧的荷重为 3 793(N)/6≈632 N，查附录表-11，选取 ϕ22 mm 的蓝色弹簧，外径：22 mm，内径：11 mm，荷重 657.0 N，30 万次最大压缩

比 40%。

由图 3-22 可知,冲压时凸模行程:

$$s = L_1 + L_2 + L_3 + L_4 = 0.5 + 4 + 6 + (21.2 - 0.5) = 31.2(\text{mm})。$$

式中:L_1——冲压前卸料板高出凸模下端面高度,一般取 0.5~1 mm;

L_2——凹模圆角部分高度;

L_3——凹模直壁段高度;

L_4——工件高度减去料厚。

假设弹簧预压缩量为 2 mm,则弹簧自由高度为:L = $(s + 2)/0.4 = 33.2/0.4 = 83(\text{mm})$

取弹簧自由高度 90 mm,压缩 33.2 mm 后高度为:90-33.2 = 56.8(mm)。

③ 卸料螺钉规格参数。初定选用 M8 的卸料螺钉,如图 3-22 所示,卸料螺钉的长度为:56.8+10+ 33.2 = 100(mm)。查附录表-25,确定卸料螺钉规格为:M8×100 mm。

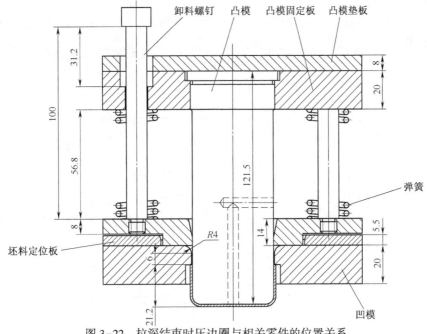

图 3-22　拉深结束时压边圈与相关零件的位置关系

6. 凸模尺寸

如图 3-22 所示,凸模采用台肩固定,凸模长度 = 20+56.8+14+4+6+21.2-0.5 = 121.5(mm)

任务八　连接及导向零件设计

🕐 任务目标

（1）了解模架、导柱、导套、模柄、螺钉、销钉等标准件选用规范。

（2）掌握模架、导柱、导套、模柄、螺钉、销钉等标准件选用方法。

（3）会选用模架、导柱、导套、模柄、螺钉、销钉等标准件。

任务描述

根据前述设计计算结果选用模架、导柱、导套、模柄、螺钉、销钉。

相关知识

参考项目一模架、导柱、导套、模柄、螺钉、销钉选用的相关知识。

任务实施

1. 上、下模座的选用

查附录表-28,根据凹模尺寸确定中间导柱圆形模座参数为:

上模座:160×40 mm,GB/T2855.1—2008。

下模座:160×45 mm,GB/T2855.2—2008。

2. 闭模高度校核

绘制闭模时各模具零件的位置关系如图3-23所示。由图3-23可测量闭模高度为203.8 mm。

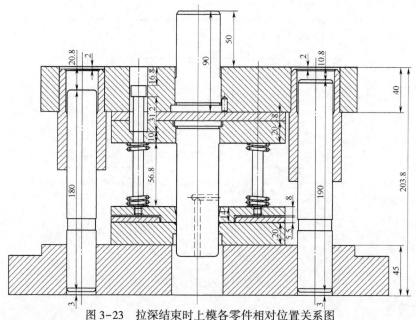

图3-23 拉深结束时上模各零件相对位置关系图

也可按下式计算闭模高度:

闭模高度=下模座高+凹模高+压边圈厚度+弹簧安装高度+凸模固定板厚度+上垫板厚度+上模座高

=45+20+14+56.8+20+8+40=203.8(mm)

因为压力机的最大闭合高度为270 mm,垫板高度50 mm,模具的最大装模高度为270-50=220(mm),由于连杆调节量为55 mm,因此压力机闭合高度满足要求。

3. 导柱、导套的选择

据式(1-36)可确定导柱长度:$L=203.8-(2\sim3)-(10\sim15)=185.8\sim191.8$(mm)。

查附录表-31,附录表-32,选取尺寸最接近以上计算值的导柱、套型号为:

左导柱,B28h5×180×55 GB/T2861.2—2008;

右导柱,B32h5×190×60 GB/T2861.2—2008;

左导套,A28H6×90×38 GB/T2861.6—2008;

右导套 A32H6×100×38 GB/T 2861.6—2008。

4. 模柄的设计

根据式(1-38)、式(1-39)及压力机滑块模柄孔尺寸(ϕ40 mm×60 mm),查附录表-33确定压入式模柄型号为:模柄 A40×90 JB/T7646.1—2008　Q235。

5. 螺钉、销钉的选择

参考项目一介绍的方法,可确定螺钉、销钉的规格、数量。

凸模固定板固定:螺钉 4×M10×50,销钉 2×ϕ10 mm×55 mm。

凹模固定:螺钉 4×M10×50,销钉 2×ϕ10 mm×45 mm。

定位板固定:沉头螺钉 4×M6×20,销钉 4×ϕ6 mm×16 mm。

模柄止转销:销钉 ϕ6 mm×10 mm。

任务九　零件图、装配图绘制

任务目标

(1)了解模具零件图、装配图的作用、标注要求。

(2)掌握模具零件图、装配图的绘制方法。

(3)会正确绘制零件图、装配图。

任务描述

(1)试绘制各模板及非标准零件。

(2)试绘制模具装配图。

相关知识

模具零件图、装配图的绘制要求及方法参见项目一。

任务实施

参考项目一介绍的方法进行设计,并绘制零件图、装配图如下:

(1)凹模零件图见图 CY_03_01。

(2)凸模零件见图 CY_03_02。

(3)定位板零件见图 CY_03_03。

(4)凸模垫板零件图见图 CY_03_04。

(5)凸模固定板零件见图 CY_03_05。

(6)压边圈零件图见附图 CY_03_06。

(7)模柄零件见图 CY_03_07。

(8)下模座零件图见图 CY_03_08。

(9)上模座零件见图 CY_03_09。

(10)模具装配图见图 CY_03_00。

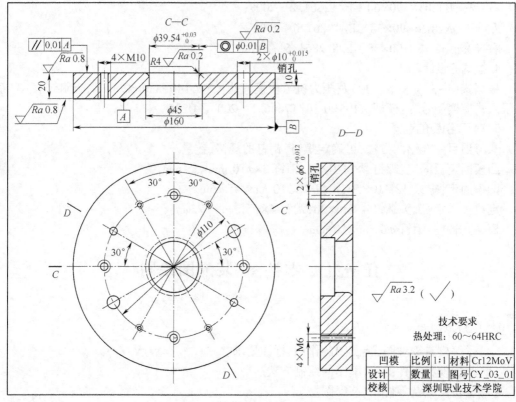

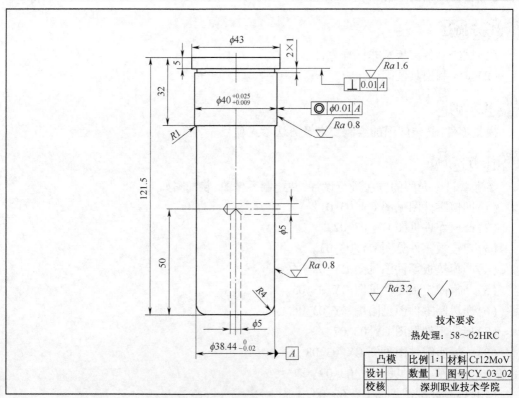

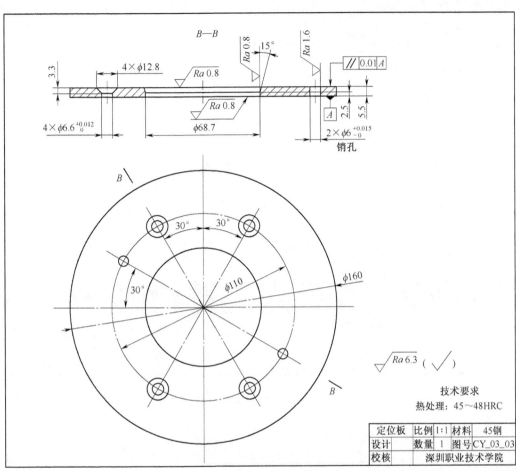

技术要求
热处理：45～48HRC

定位板	比例 1:1	材料	45钢
设计	数量 1	图号	CY_03_03
校核		深圳职业技术学院	

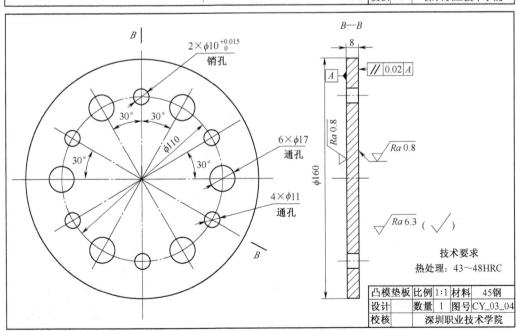

技术要求
热处理：43～48HRC

凸模垫板	比例 1:1	材料	45钢
设计	数量 1	图号	CY_03_04
校核		深圳职业技术学院	

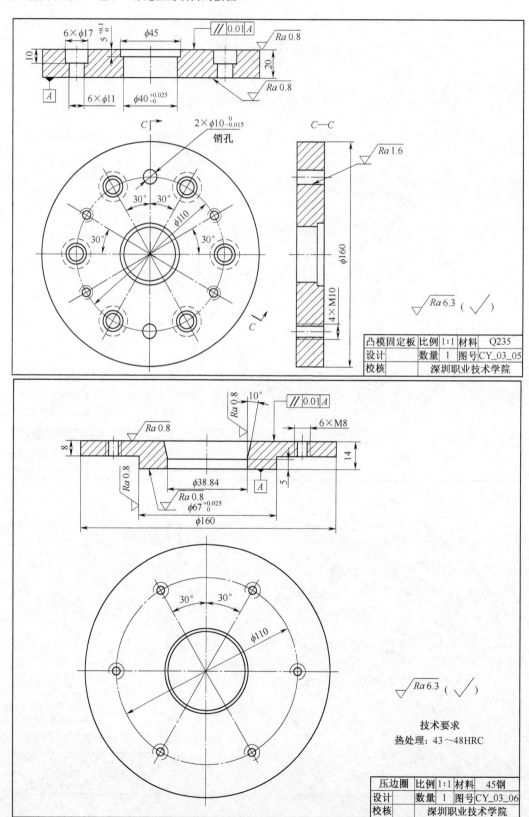

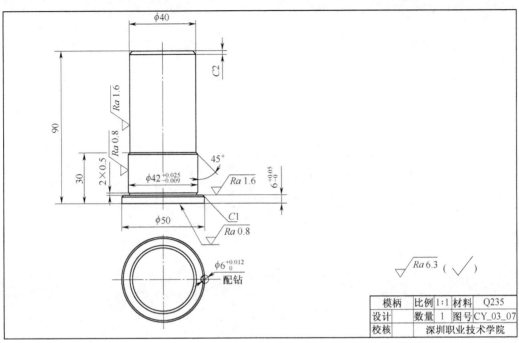

模柄	比例1:1	材料	Q235
设计	数量 1	图号	CY_03_07
校核		深圳职业技术学院	

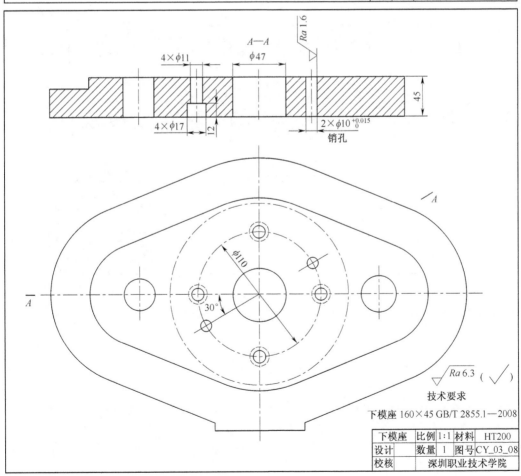

技术要求

下模座 160×45 GB/T 2855.1—2008

下模座	比例1:1	材料	HT200
设计	数量 1	图号	CY_03_08
校核		深圳职业技术学院	

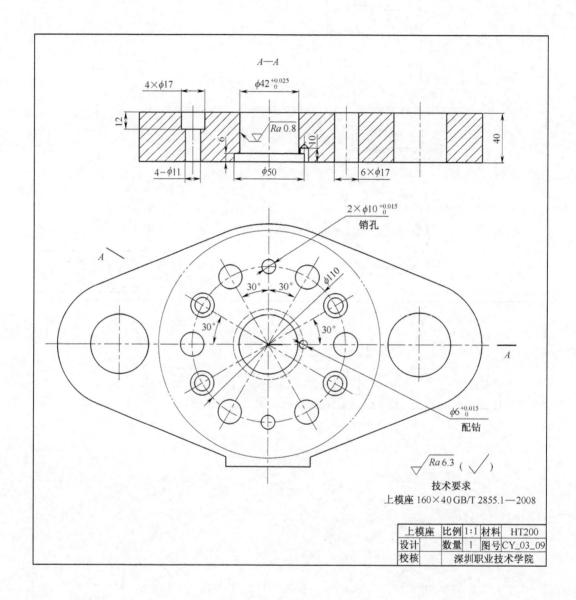

技术要求

上模座 160×40 GB/T 2855.1—2008

上模座	比例	1:1	材料	HT200
设计	数量	1	图号	CY_03_09
校核		深圳职业技术学院		

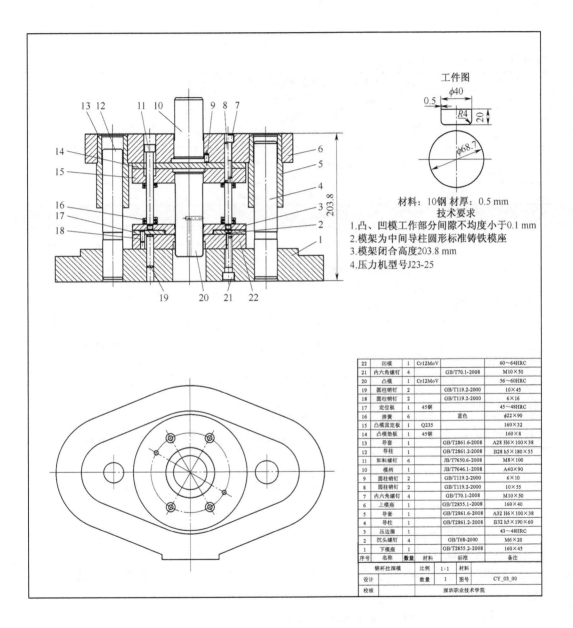

工件图

材料：10钢　材厚：0.5 mm
技术要求
1.凸、凹模工作部分间隙不均度小于0.1 mm
2.模架为中间导柱圆形标准铸铁模座
3.模架闭合高度203.8 mm
4.压力机型号J23-25

序号	名称	数量	材料	标准	备注
22	凹模	1	Cr12MoV		60~64HRC
21	内六角螺钉	4		GB/T70.1-2008	M10×50
20	凸模	1	Cr12MoV		56~60HRC
19	圆柱销钉	2		GB/T119.2-2000	10×45
18	圆柱销钉	2		GB/T119.2-2000	6×16
17	定位板	1	45钢		45~48HRC
16	弹簧	6		蓝色	φ22×90
15	凸模固定板	1	Q235		160×32
14	凸模垫板	1	45钢		160×8
13	导套	1		GB/T2861.6-2008	A28 H6×100×38
12	导柱	1		GB/T2861.2-2008	B28 h5×180×55
11	卸料螺钉	6		JB/T7650.6-2008	M8×100
10	模柄	1		JB/T7646.1-2008	A40×90
9	圆柱销钉	2		GB/T119.2-2000	6×10
8	圆柱销钉	2		GB/T119.2-2000	10×55
7	内六角螺钉	4		GB/T70.1-2008	M10×50
6	上模座	1		GB/T2855.1-2008	160×40
5	导套	1		GB/T2861.6-2008	A32 H6×100×38
4	导柱	1		GB/T2861.2-2008	B32 h5×190×60
3	压边圈	1			43~48HRC
2	沉头螺钉	4		GB/T68-2000	M6×20
1	下模座	1		GB/T2855.2-2008	160×45
序号	名称	数量	材料	标准	备注

钢杯拉深模		比例	1:1	材料	
设计		数量	1	图号	CY_03_00
校核		深圳职业技术学院			

技 能 训 练

深圳职业技术学院
shenzhen polytechnic
实 训(验)项 目 单
Training ltem

编制部门 Dept.:模具设计制造实训室　　　　编制 Name:张梅　　　　　　　编制日期 Date:

项目编号 Item No.	CY03	项目名称 Item	无凸缘圆筒形钢杯 拉深模设计	训练对象 Class	三年制	学时 Time	12 h
课程名称 Course	冲压模具设计		教材 Textbook		冲压模具设计		
目 的 Objective	通过本项目的实训掌握单工序拉深模设计方法及步骤						

实训(验)内容(Content)

无凸缘圆筒形钢杯拉深模设计

1. 图样及技术要求	零件名称:无凸缘圆筒形钢杯 材料:10 钢 材料厚度:0.5 mm 生产批量:24 000 件/年 零件简图:如图 3-24 所示	图 3-24
2. 生产工作要求	大批量,无起皱,无裂纹	
3. 任务要求	相关计算说明及绘图均在 AutoCAD 中完成	
4. 完成任务的思路	参照教材中的任务顺序,依次完成模具设计的各项工作,在设计过程中掌握相关的知识技能	

理 论 考 核

一、填空题(每题 2.5 分,共 40 分)

1. 在拉深变形过程中,坯料的_____部分是不变形区;_____部分是主要变形区;_____部分是过渡区;_____部分是传力区。

2. 拉深时,凸缘变形区的_____和筒壁传力区的_____是拉深工艺的主要质量问题。

3. 板料的_____越小,则抵抗失稳能力越差,越容易起皱。

4. 因材料性能和模具几何形状等因素的影响,会造成拉深件口部不齐,因此,计算毛坯尺寸时应计入_____。

5. 不变薄拉深件的毛坯尺寸确定依据是_____相等的原则。

6. _____称为拉深系数 m,m 越小,拉深变形程度_____。

7. 确定拉深次数的方法通常是:根据工件的_____查出各次极限拉深系数,然后依次推算出各次拉深的_____和_____。

8. 采用压边圈的目的是_____,一般根据_____和_____确定是否采用压边圈。

9. 拉深凸模、凹模的间隙应适应,间隙_____会不利于坯料在拉深时的塑性流动,增大拉深力;而间隙_____;则会影响拉深件的精度,回弹也大。

10. 一般情况下,拉深件的公差不宜要求过高。对于要求高的拉深件应加_____工序以提高其精度。

11. 正装式拉深模适合拉深高度_____的工件,倒式拉深模适合拉深高度_____的制件。

12. 当拉深工件要求外形尺寸时,应以_____为基准,先确定_____尺寸。当拉深工件要求内形尺寸时,应以_____为基准,先确定_____尺寸。

13. 160 mm×40 mm 的中间导柱圆形模架,使用的导柱直径分别为_____,_____。

14. 导柱与下模座导柱孔的配合精度为_____。

15. 圆柱销与凸模固定板,上、下模座等的配合精度为_____。

16. 坯料定位板厚度应比被定位坯料高_____ mm。

二、简答题(每题 20 分,共 60 分)

1. 拉深件结构工艺设计有哪些要求?

2. 采用压边圈的条件是什么?

3. 拉深间隙对拉深工艺有何影响?

项目四 | 孔整形连续模设计

知识目标

1. 了解连续冲压工艺特点。
2. 熟悉连续冲压模具结构。
3. 掌握成形工艺设计规范。

能力目标

1. 熟练进行连续冲压排样设计。
2. 熟练进行多工位冲压力计算。
3. 熟练进行孔整形模具凸、凹模尺寸计算。
4. 熟练进行连续模结构设计。
5. 熟练进行连续模卸料装置设计。
6. 熟练进行连续模坯料定位零件设计。

素养目标

1. 在了解连续冲压模具工作原理过程中培养冲压安全意识。
2. 在冲压方案设计过程中培养严谨工作的职业态度。
3. 在排样设计过程中培养职业道德。
4. 在模具结构设计过程中培养合作意识。
5. 在模具零部件设计过程中培养产品质量意识。

任务一 成形工艺分析

任务目标

(1) 了解孔整形、孔翻边、平面涨形工艺的成形特点。
(2) 掌握孔整形、孔翻边、平面涨形工艺的设计规范。
(3) 会分析孔整形、孔翻边、平面涨形工艺。

任务描述

从尺寸、结构、材料、批量四方面对图 4-1 所示零件的成形工艺进行分析。

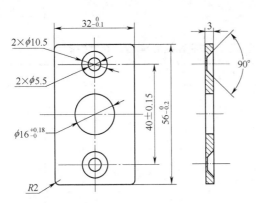

1. 零件名称：定位板；
2. 材料：   LY12；
3. 生产批量：400000件/年。

图 4-1 定位板

![相关知识]

一、孔整形工艺

埋头孔又称沙拉孔(英文名 COUNTER SINK、C. S. K 或 C' SINK)，沙拉孔的结构如图 4-2(a)所示，应保证图中尺寸 $h_1 \geqslant 0.2$ mm。沙拉孔一般通过孔整形工艺来成形。并以尺寸 A、h_1、角度 β 为基准来确定其他尺寸和进行模具设计。

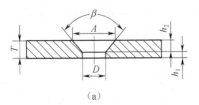 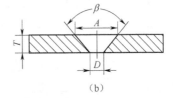

（a）   （b）

图 4-2 沙拉孔结构

当客户提供的沙拉孔结构如图 4-2(b)所示时，设计者可要求客户把产品的沙拉孔改成图 4-2(a)所示结构，并确认 $h_1 = 0.2$ mm。

二、孔翻边工艺

孔翻边又称抽芽，在电子产品中，抽芽是最常见的装配结构之一，既有用来攻芽的普通抽芽，也有用来铆合的深抽，还有一些用于其他方面的各种抽芽。

抽芽时，需在板料上预先冲孔，如图 4-3 所示。预冲孔径 D_0 和底孔径 D_1 与螺纹 M 尺寸

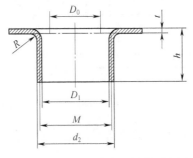

图 4-3 带螺纹内孔翻边结构示意图

关系见表 4-1。

表 4-1　预冲孔径 D_0 和底孔径 D_1 与螺纹尺寸关系

螺纹	材料厚度 t	翻边内孔 D_1	翻边外孔 d_2	凸缘高度 h	预冲孔直径 D_0	凸缘圆角半径 R
M3	0.8	2.55	3.38	1.6	1.9	0.6
	1		3.25	1.6	2.2	0.5
			3.38	1.8	1.9	
			3.5	2	2	
	1.2		3.38	1.92	2	0.6
			3.5	2.16	1.5	
	1.5		3.5	2.4	1.7	0.75
M4	1	3.35	4.46	2	2.3	0.5
	1.2		4.35	1.92	2.7	0.6
			4.5	2.16	2.3	
			4.65	2.4	1.5	
	1.5		4.46	2.4	2.5	0.75
			4.65	2.7	1.8	
	2		4.56	2.2	2.4	1
M5	1.2	4.25	5.6	2.4	3	0.6
	1.5		5.46	2.4	2.5	0.75
			5.6	2.7	3	
			5.75	3	2.5	
	2		5.53	3.2	2.4	1
			5.75	3.6	2.7	
	2.5		5.75	4	3.1	1.25
M6	1.5	5.1	7.0	3	3.6	0.75
	2		6.7	3.2	4.2	1
			7.0	3.6	3.6	
			7.3	4	2.5	
	2.5		7.0	4	2.8	1.25
			7.3	4.5	3	
	3		7.0	4.8	3.4	1.5

三、平面涨形工艺

平面涨形包括压筋、压凸等，在板状金属零件上压筋，有助于增加结构刚性。压筋、压凸结构及尺寸如表 4-2 所示。

表4-2　压筋、压凸的形式和尺寸

名　称	图　例	R	h	D 或 B	r	$\alpha(°)$
压筋		$(3\sim4)t$	$(2\sim3)t$	$(7\sim10)t$	$(1\sim2)t$	—
压凸		—	$(1.5\sim2)t$	$\geqslant3h$	$(0.5\sim1.5)t$	$15\sim30$

任务实施

图4-1所示零件的成形工艺分析过程如下。

1. 内外形结构及尺寸

该零件形状简单、对称，落料冲孔部分结构符合冲裁件内外形设计规范；孔整形部分结构符合沙拉孔工艺要求；该零件最大尺寸56 mm，属小型冲件。

2. 尺寸精度、粗糙度、位置精度

本例零件的落料冲孔部分尺寸精度为IT12，对粗糙度、位置精度未作要求。由于普通冲裁能达到的尺寸精度可达IT11，因此，使用普通冲压加工能够满足工件尺寸精度要求。

3. 材料性能

零件材料为LY12，抗剪强度 $\tau=280$ MPa，具有良好的冲压性能，可满足冲压工艺要求。

4. 冲压加工的经济性分析

年产量400 000件/年，属于大批量生产，采用冲压生产，不但能满足生产率要求，还能降低生产成本。

任务二　冲压工艺方案的确定及排样设计

任务目标

（1）了解孔整形二步成形法、三步成形法的工艺特点。

（2）掌握孔整形二步成形法的工艺步骤。

（3）会设计二步成形法排样图。

任务描述

确定图4-1所示零件的冲压工艺方案，并进行排样设计。

 相关知识

沙拉孔(埋头孔)一般采用连续模冲压成形,可分为二步成形法与三步成形法两种。

1. 二步成形法

二步成形法的步骤是:第一步预冲孔,预冲孔径见表4-3;第二步压锥,冲压过程如图4-4所示。

二步成形法工序少,孔径尺寸可满足精度要求,但挤斜面时,冲头受力大,上垫板受冲击易变形。

表4-3 预冲孔直径 单位:mm

序号	材质	料厚	产品的尺寸要求 $A*\beta*D*(h_1)$				预冲孔径	
			大径 A	角度 β	小径 D	(直段高度 h_1)	二步成形	三步成形
1	LY12	1.2	5.90	90°	3.50	0.00	φ4.70	φ4.75
2	LY12	1.2	6.50	90°	4.10	0.00	φ4.80	φ5.35
3	LY12	1.5	5.00	90°	3.70	0.85	φ4.00	φ4.00
4	LY12	1.5	6.50	120°	3.50	0.63	φ4.60	φ4.48
5	LY12	1.5	6.50	90°	3.50	0.00	φ5.00	φ5.07
6	LY12	1.5	6.50	90°	4.10	0.30	φ4.80	φ5.12
7	LY12	1.5	6.70	90°	3.70	0.00	φ4.70	φ5.27
8	LY12	2	5.00	90°	3.80	1.40	φ4.10	φ3.99
9	LY12	2	6.50	120°	3.50	1.13	φ4.30	φ4.26
10	LY12	2	6.50	90°	3.50	0.50	φ4.80	φ4.73
11	LY12	2	6.70	90°	3.90	0.60	φ4.30	φ4.97
12	LY12	2	7.50	90°	3.50	0.00	φ5.60	φ5.62
13	LY12	2	8.50	90°	4.50	0.00	φ6.50	φ6.60
14	LY12	3	10.50	90°	4.50	0.00	φ7.10	φ7.75
15	LY12	3	6.50	90°	3.50	1.50	φ4.50	φ4.36
16	LY12	3	9.50	90°	4.50	0.00	φ5.10	φ6.73
17	CRS	1	5.00	90°	3.20	0.10	φ3.80	φ4.05
18	CRS	1.2	5.90	90°	3.50	0.00	φ4.50	φ4.75
19	CRS	1.5	6.50	90°	3.50	0.00	φ4.60	φ5.07
20	CRS	1.6	5.00	90°	3.70	0.95	φ4.00	φ3.98
21	GI	1	6.00	120°	4.30	0.29	φ4.40	φ4.94
22	GI	1.2	6.80	120°	3.30	0.19	φ4.10	φ4.90
23	GI	1.2	7.50	120°	5.10	0.51	φ5.40	φ5.84
24	GI	1.5	4.80	90°	3.80	1.00	φ4.00	φ3.98
25	GI	1.5	6.50	90°	4.00	0.25	φ4.60	φ5.11

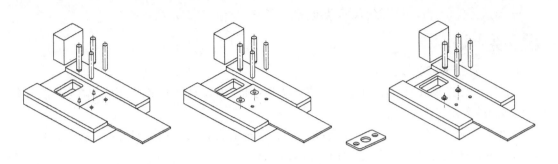

（a）第一工位：预冲孔   （b）第二工位：压锥   （c）第三工位：落料

图4-4　沙拉孔两步成形法冲压过程示意图

2. 三步成形法

三步成形法的步骤是：第一步预冲孔；第二步压锥；第三步冲孔。冲压过程如图4-5所示。

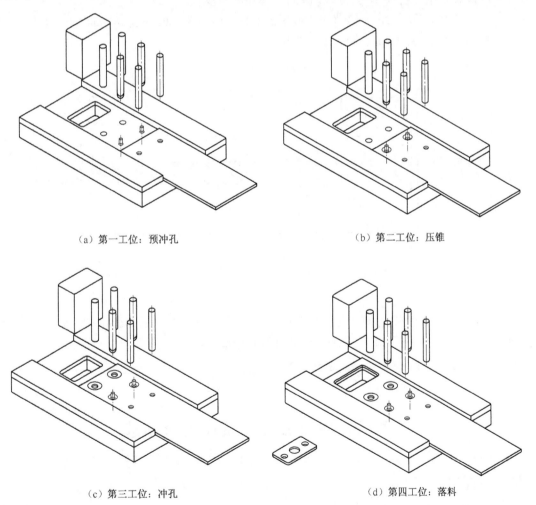

（a）第一工位：预冲孔   （b）第二工位：压锥

（c）第三工位：冲孔   （d）第四工位：落料

图4-5　沙拉孔三步成形法冲压过程示意图

三步成形法的产品外观好,尺寸精度高,质量稳定,但工序多,成本高。

任务实施

1. 冲压工艺方案的确定

孔整形时,二步法成形法相比三步成形法精度低,但模具结构简单,由于本例产品精度要求不高,故采用二步成形法。

根据沙拉孔大径 $A = 10.5$ mm,小径 $D = 5.5$ mm,角度 $\beta = 90°$,料厚为 3 mm,材料为 LY12,由表 4-3 查得第 1 工位预冲孔径 $d = 7.1$ mm。

2. 排样设计

采用单排方案,根据零件形状,由表 1-8 确定两工件间搭边值 $a_1 = 2.5$ mm,侧搭边值 $a = 3.0$ mm。

查表 1-9 得条料宽度偏差 $\Delta = 0.8$ mm,查表 1-10 得条料与导料板之间的单面间隙 $b = 0.4$ mm。

本例模具采用导料板导向,按式(1-3)计算条料宽度:

$$B = (D + 2a + b)_{-\Delta}^{0} = (56 + 2 \times 3 + 0.4)_{-\Delta}^{0} = 62.4_{-0.8}^{0}(\text{mm})$$

条料宽度调整为 63 mm,排样图如图 4-6 所示。

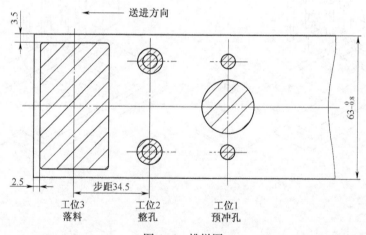

图 4-6 排样图

用 AutoCAD 软件测得整形前工件实际面积[去掉中心孔($\phi16$ mm)及预冲孔($\phi7.1$ mm)所占面积]为 1 508.32 mm²,则一个步距内的材料利用率为:

$$\eta = \frac{1\ 508.32}{34.5 \times 63} \times 100\% \approx 69.4\%$$

任务三　冲压力计算及压力机初选

任务目标

(1)了解多工位冲压力、压力中心计算方法。

（2）掌握孔整形冲压力计算方法。

（3）会计算多工位总冲压力及压力中心。

任务描述

根据排样图计算总冲压力及压力中心位置并初选压力机。

相关知识

1. 多凸模模具的压力中心

如图 4-7 所示，先将各凸模的压力中心确定后，再计算整副模具的压力中心，步骤如下：

①按比例画出每一个凸模刃口的轮廓位置。

②在适当位置画出坐标轴 x,y。

③分别计算各凸模刃口轮廓的压力中心的坐标 x_1、x_2、x_3、$\cdots$、x_n 和 y_1、y_2、y_3、$\cdots$、y_n。

④分别计算各凸模刃口轮廓的周长 L_1、L_2、L_3、$\cdots$、L_n。

⑤根据力学原理，可得模具压力中心坐标 $(x_0$、$y_0)$：

$$x_0 = \frac{L_1 x_1 + L_2 x_2 + \cdots + L_n x_n}{L_1 + L_2 + \cdots + L_n} = \frac{\sum\limits_{i=1}^{n} L_i x_i}{\sum\limits_{i=1}^{n} L_i} \tag{4-1}$$

$$y_0 = \frac{L_1 y_1 + L_2 y_2 + \cdots + L_n y_n}{L_1 + L_2 + \cdots + L_n} = \frac{\sum\limits_{i=1}^{n} L_i y_i}{\sum\limits_{i=1}^{n} L_i} \tag{4-2}$$

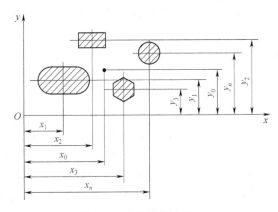

图 4-7　多凸模压力中心

2. 整孔力计算

整孔力的理论计算非常复杂，通常只根据经验公式作概略计算：

$$F_{整} = S_0 \times \sigma_s \tag{4-3}$$

式中：S_0——工件埋头孔斜面在水平面上的投影面积；

σ_s——冲压材料屈服点。

任务实施

1. 冲压力及压力中心计算

如图4-8所示,用AutoCAD软件测得各线段长度如下。

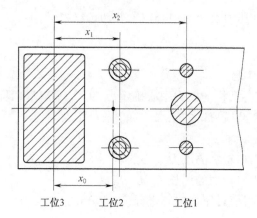

图4-8　模具压力中心

落料周长:$L_1 = 172.56$ mm;

预冲孔($\phi 7.1$ mm)周长:$L_2 = L_3 = 22.3$ mm;

中心孔($\phi 16$ mm)周长:$L_4 = 50.27$ mm。

查附录表-1得LY12(淬硬)材料抗剪强度为$\tau = 280$ MPa,则:

(1)落料工序相关力计算

①落料力:

$$F_{落} = KLt\tau = 1.3 \times 172.56 \times 3 \times 280 \approx 188\,436(\text{N}) \approx 188.4(\text{kN})$$

②落料件推出凹模时的推件力(假设落料凹模刃口直壁段高度为5 mm):

$$F_{推1} = nK_{\text{T}}F_{落} = (5 \div 3) \times 0.05 \times 188.4 \approx 15.7(\text{kN})$$

③落料件废料从凸模上卸下时的卸料力:

$$F_{卸1} = K_{\text{X}}F_{落} = 0.05 \times 188.4 \approx 9.4(\text{kN})$$

(2)冲孔工序相关力计算

①冲孔力。

冲预冲孔力(2个):$F_{孔1} = KLt\tau = 1.3 \times (2 \times 22.3) \times 3 \times 280 = 48\,703.2(\text{N})$

冲中心孔力:$F_{孔2} = KLt\tau = 1.3 \times 50.27 \times 3 \times 280 = 54\,894.8(\text{N})$

总冲孔力:$F_{孔} = F_{孔1} + F_{孔2} = 48\,703.2 + 54\,894.8(\text{N}) \approx 104(\text{kN})$

②冲孔废料推出冲孔凹模时的推件力(假设冲孔凹模刃口直壁段高度为5 mm):

$$F_{推1} = nK_{\text{T}}F_{孔} = (5 \div 3) \times 0.05 \times 104 \approx 8.7(\text{kN})$$

③冲孔工件从凸模上卸下时的卸料力:

$$F_{卸2} = K_{\text{X}}F_{孔} = 0.05 \times 104 \approx 5.2(\text{kN})$$

(3)整孔工序相关力计算

查附录表-1得LY12的屈服点$\sigma_{\text{s}} = 333$ MPa,根据式(4-3)可得整孔力:

$$F_{整} = 2 \times \frac{\pi \times (10.5^2 - 5.5^2)}{4} \times 333 \approx 41\,825(\text{N}) \approx 42(\text{kN})$$

(4)总冲压力

$$F_{总} = (188.4 + 15.7 + 9.4) + (104 + 8.7 + 5.2) + 42$$
$$= 213.5 + 117.9 + 42 = 373.4(\text{kN})$$

(5)模具压力中心确定。如图4-8所示,设冲模压力中心离工位3的距离为x_0,根据式(4-1)得:

$$x_0 = \frac{42 \times 34.8 + 117.9 \times 69.6}{373.4} \approx 25.89(\text{mm})$$

2.压力机初选

根据压力机的公称压力必须大于总冲压力的1.3倍左右(1.3×373.4=485.42),查附录表-8初步选用J21-63固定台式压力机,压力机参数如下所示。

公称压力:630 kN;

滑块行程:120 mm;

最大装模高度:270 mm;

装模高度调节量:80 mm;

工作台尺寸(前后×左右):540 mm×840 mm;

模柄孔尺寸(直径×深度):ϕ50 mm×70 mm。

任务四 模具结构设计

任务目标

(1)了解连续模工作原理。

(2)掌握连续模结构设计规范。

(3)会设计孔整形连续模结构。

任务描述

根据排样图确定孔整形连续模具结构。

相关知识

连续模又称级进模或跳步模,在一副模具中具有多个工位,可将坯料依次送进至各个工位,逐步冲压成形后,制成所需零件。

对于有多个工序,如连续折弯、连续拉深、孔翻边、孔整形等工艺,均可采用连续模结构。连续模用于冲裁时,冲裁产品的内孔与外形的相对位置精度比复合冲裁时要低,但连续冲裁模对产品的孔边距没有要求,且生产效率高。

下面以连续冲裁模为例,介绍连续模的结构与工作原理。

(1)挡料销和导正销定距的连续模

挡料销和导正销定距的连续模结构如图4-9所示。

模具工作时,始用挡料销7挡首件,上模下压,凸模3(两个)先将两个孔冲出,条料继续送进时,由固定挡料销6挡料,进行外形落料。此时,挡料销6只对步距起一个初步定位的作

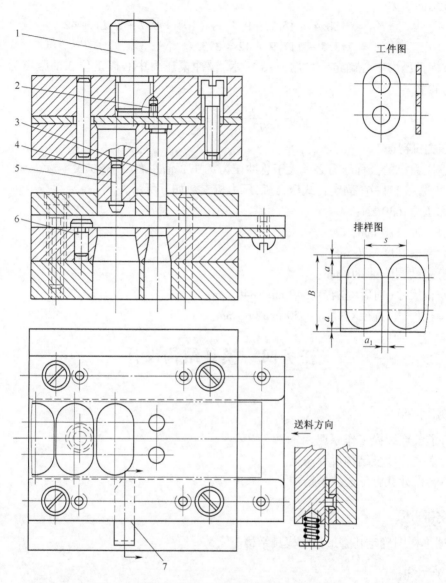

图 4-9 始用挡料销、挡料销和导正销定距连续模
1—模柄；2—销钉；3—冲孔凸模；4—落料凸模；5—导正销；6—固定导料销；7—始用导料销

用。落料时，装在凸模 4 上的导正销 5 先进入已冲好的孔内，使孔与工件外形有较准确的相对位置，由导正销精确定位，控制步距。此模具在落料的同时冲孔工步也在冲孔，即下一个工件的冲孔与前一个工件的落料是同时进行的，这样就使冲床每一个行程均能冲出一个工件。

这种定距方式多用于较厚板料，冲件上有孔，且精度低于 IT12 级的冲件冲裁。它不适用于软料或板厚 $t<0.5$ mm 的冲件。

为了使导正销工作可靠，避免折断，导正销的直径一般应大于 2 mm。孔径小于 2 mm 的孔不宜用导正销导正，可在条料的废料部分冲出直径大于 2 mm 的工艺孔，利用装在凸模固定板上的导正销导正。

（2）侧刃定距的连续进给模。

对于薄料（$t<0.5$ mm）或不方便采用挡料销定距的冲裁，可采用侧刃定距。侧刃定距的连续模结构如图 4-10 所示。

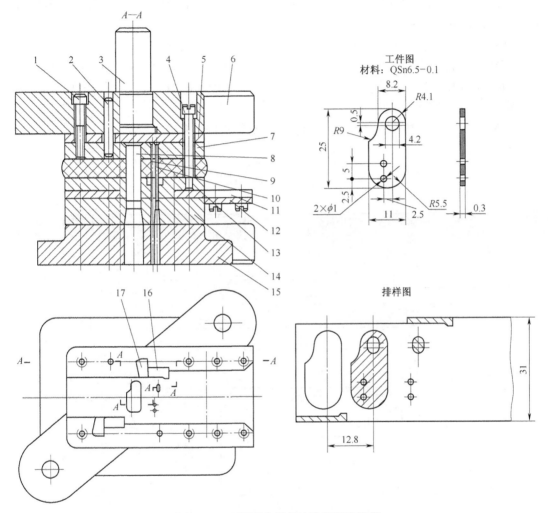

图 4-10　双侧刃定距的冲孔落料连续模

1—内六角螺钉；2—销钉；3—模柄；4—卸料螺钉；5—垫板；6—上模座；7—凸模固定板；

8、9、10—凸模；11—导料板；12—承料板；13—卸料板；14—凹模；15—下模座；16—侧刃；17—侧刃挡块

在凸模固定板上，除装有一般的冲孔、落料凸模外，还装有特殊的凸模——侧刃。侧刃断面的长度等于送料步距，在压力机的每次行程中，侧刃在条料的边缘冲下一块长度等于步距的料边。由于侧刃前后导料板之间的宽度不同，前宽后窄，在侧刃挡块处形成一个凸肩，所以只有在侧刃切去一个长度等于步距的料边而使其宽度减少之后，条料才能再向前推进一个步距，从而保证了孔与外形相对位置的正确。

在一般情况下，侧刃定距精度比导正销低，所以有些连续模将侧刃与导正销联合使用。这时用侧刃作粗定位，用导正销作精定位。侧刃断面的长度应略大于送料步距，使导正销有导正的余地。

根据前面的分析,本模具采用冲孔—整孔—落料连续冲压工艺。共分 3 个工位,即先冲出 ϕ16 mm 的中心孔和 2×ϕ7.1 mm 的预冲孔;再由 2×ϕ7.1 mm 预冲孔定位,进行孔整形,在第三工位落料,模具结构图如图 4-11 所示。

为方便送料,该模具采用对角导柱模架。冲中心孔凸模 7、冲预冲孔凸模 8、孔整形凸模 13 及落料凸模 23 组装在凸模固定板 20 上,卸料板 22 在冲压过程中起压紧条料和卸料作用,采用优力胶作为弹性元件。下模部分导料板 4 起侧上定位作用,活动定位销钉 25 通过板料上的预冲孔控制板料送进步距。

首次冲中心孔、预冲孔时,操作者依靠目测对板料送进位置进行定位。

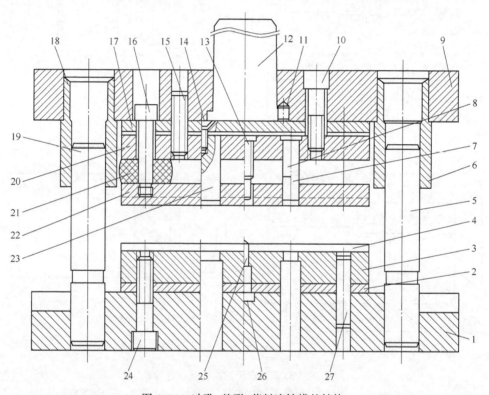

图 4-11　冲孔、整形、落料连续模的结构

1—下模座;2—凹模垫板;3—凹模;4—导料板;5、19—导柱;6、18—导套;7—中心孔凸模;8—预冲孔凸模;
9—上模座;10、24—内六角螺钉;11、15、27—圆柱销钉;12—模柄;13—整形凸模;14—沉头螺钉;16—卸料螺钉;
17—凸模垫板;20—凸模固定板;21—优力胶;22—卸料板;23—落料凸模;25—活动定位销;26—弹簧

任务五　凸、凹模工作部分尺寸计算

(1)了解孔整形凸、凹模零件的结构。

（2）掌握孔整形凸、凹模零件的尺寸计算方法。

（3）会计算孔整形凸、凹模尺寸。

任务描述

计算孔整形凸、凹模尺寸。

相关知识

一、三步成形法凸、凹模工作部分尺寸计算

第一步：预冲孔

（1）预冲孔径参考表 4-3 选取。

（2）冲子做成台阶形式［见图 4-12（a）］，冲子端部直径 d 等于预冲孔径，冲裁间隙参考表 1-13 选取。

第二步：压锥

压锥冲子依下述原则设计［见图 4-12（b）］。

（1）采用 AD 型冲子

$D_1 = A + 0.2$ mm；$D_1 \leq 8$ mm 时，取 $D_2 = 8$ mm；8 mm $< D_1 \leq 10$ mm 时，取 $D_2 = 10$ mm；10 mm $< D_1 \leq 12$ mm 时，取 $D_2 = 12$ mm。

注意：冲子成形部位露出模板高度为（$T - 0.10$）mm。

（2）冲子热处理至 65HRC。

（3）下模板不需开孔。

第三步：冲孔

将冲子做成台阶形式［见图 4-12（a）］。冲子端部直径 d 等于沙拉孔尺寸 D；单边冲裁间隙 Z 取沙拉孔直段高度 $h_1 \times 5\%$，当 Z 小于 0.02 时，取 $Z = 0.02$ mm。

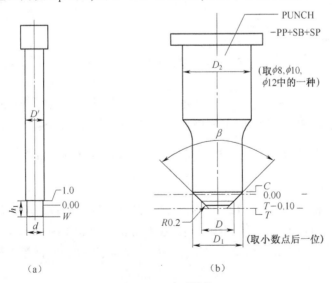

（a）　　　　　　　　　　　　　（b）

图 4-12　冲子结构

注:图4-12(a)中 H 尺寸依料厚和冲子突出卸料板面的长度而定,一般可依闭模时 H 处台阶在卸料板内1 mm和冲子露出卸料板 $2T$(在 $T<1$ 时,取固定值2 mm);冲子规格[见图4-12(a)中 D' 尺寸]依 d 尺寸圆整而来,保证 $D'-d>=0.6$ mm。例: $d=3.4$ mm则有 $D'=4.0$ mm; $d=3.5$ mm则有 $D'=5.0$ mm。

二、两步成形法凸、凹模工作部分尺寸计算

第一步:冲孔。

冲裁间隙参考表1-13选取;冲子做成台阶形式[见图4-12(a)]。冲孔尺寸可参考表4-3。

第二步:压锥。

(1)参照三步成形法第二步:压锥项中的(1),(2)。

(2)下模不需要开孔。

 任务实施

一、冲孔、落料凸、凹模工作部分尺寸计算

由表1-13查得LY12(硬铝): $Z_{min}=0.49$ mm, $Z_{max}=0.55$ mm

$$Z_{max}-Z_{min}=0.550-0.490=0.06(mm)$$

1. 冲孔凸、凹模工作部分尺寸计算

(1)预冲孔 $\phi7.1$ mm

预冲孔 $\phi7.1$ mm按IT11级确定公差,则其尺寸公差为: $\phi7.1^{+0.09}_{0}$ mm。根据其公差等级可确定凸、凹模磨损系数 $x=0.75$ 。

凸模按IT6、凹模按IT7制造,由附录表-6查得 $\delta_{p1}=0.009$, $\delta_{d1}=0.015$ 。

因为 $\delta_{p1}+\delta_{d1}=0.024$ mm $<Z_{max}-Z_{min}=0.06$ mm,因此,凸、凹模工作部分尺寸按分开加工方法计算。

由式(1-22)可得:

$$d_{p1}=(d_{min}+x\Delta)^{0}_{-\delta_p}=(7.1+0.75\times0.09)^{0}_{-0.015}\approx7.17^{0}_{-0.015}(mm)$$

由式(1-23)可得:

$$d_{d1}=(d_{p1}+Z_{min})^{+\delta_d}_{0}=(7.17+0.49)^{+0.015}_{0}=7.66^{+0.015}_{0}(mm)$$

预冲孔的中心距为(40±0.15)mm,由式(1-24)可得预冲孔凸模中心距:

$$l=L\pm\frac{1}{8}\Delta=40\pm\frac{1}{8}\times0.3=40\pm0.038(mm)$$

(2)中心孔 $\phi16^{+0.18}_{0}$ mm

根据 $\phi16^{+0.18}_{0}$ mm尺寸公差等级为IT12,确定凸、凹模磨损系数 $x=0.75$ 。

凸模按IT6、凹模按IT7制造,由附录表-6查得 $\delta_{p2}=0.013$ mm, $\delta_{d2}=0.021$ mm。

因为 $\delta_{p2}+\delta_{d2}=0.034$ mm $<Z_{max}-Z_{min}=0.06$ mm,因此,凸、凹模工作部分尺寸按分开加工方法计算。

由式(1-22)可得:

$$d_{p2} = (d_{min} + x\Delta)_{-\delta_p}^{~0} = (16 + 0.75 \times 0.18)_{-0.011}^{~0} \approx 16.14_{-0.011}^{~0}~(\text{mm})$$

由式(1-23)可得：

$$d_{d2} = (d_{p2} + Z_{min})_{0}^{+\delta_d} = (16.14 + 0.49)_{0}^{+0.018} = 16.63_{0}^{+0.018}~(\text{mm})$$

2. 落料凸、凹模工作部分尺寸计算

（1）尺寸 $32_{-0.1}^{~0}$ mm

因尺寸公差等级为 IT10，可查得凸、凹模磨损系数 $x=1$。

凸模按 IT6、凹模按 IT7 制造，由附录表-6 查得：$\delta_{p3} = 0.016$ mm，$\delta_{d3} = 0.025$ mm。

因为 $\delta_{p3} + \delta_{d3} = 0.041$ mm $< Z_{max} - Z_{min} = 0.06$ mm，因此，凸、凹模工作部分尺寸按分开加工方法计算。

由式(1-20)可得：$D_d = (D_{max} - x\Delta)_{0}^{+\delta_d} = (32 - 1 \times 0.1)_{0}^{+0.025} = 31.9_{0}^{+0.025}~(\text{mm})$

由式(1-21)可得：$D_p = (D_d - Z_{min})_{-\delta_p}^{~0} = (31.9 - 0.49)_{-0.016}^{~0} = 31.41_{-0.016}^{~0}~(\text{mm})$

（2）尺寸 $56_{-0.2}^{~0}$ mm

根据尺寸公差等级为 IT11，查得凸、凹模磨损系数 $x=0.75$。

凸模按 IT6、凹模按 IT7 制造，由附录表-6 查得：$\delta_{p4} = 0.019$ mm，$\delta_{d4} = 0.030$ mm。

因为 $\delta_{p4} + \delta_{d4} = 0.049$ mm $< Z_{max} - Z_{min} = 0.06$ mm，因此，凸、凹模工作部分尺寸按分开加工方法计算。

由式(1-20)可得：$D_d = (D_{max} - x\Delta)_{0}^{+\delta_d} = (56 - 0.75 \times 0.2)_{0}^{+0.03} = 55.85_{0}^{+0.03}~(\text{mm})$

由式(1-21)可得：$D_p = (D_d - Z_{min})_{-\delta_p}^{~0} = (55.85 - 0.49)_{-0.019}^{~0} = 55.36_{-0.019}^{~0}~(\text{mm})$

（3）尺寸 $R2_{-0.06}^{~0}$ mm

根据尺寸公差等级为 IT11，查得凸、凹模磨损系数 $x=0.75$。

凸模按 IT6、凹模按 IT7 制造，由附录表-6 查得：$\delta_{p5} = 0.006$ mm，$\delta_{d5} = 0.010$ mm。

因为 $\delta_{p5} + \delta_{d5} = 0.016$ mm $< Z_{max} - Z_{min} = 0.06$ mm，因此，凸、凹模工作部分尺寸按分开加工方法计算。

由式(1-20)可得：$D_d = (D_{max} - x\Delta)_{0}^{+\delta_d} = (2 - 0.75 \times 0.06)_{0}^{+0.006} = 1.96_{0}^{+0.006}~(\text{mm})$

由式(1-21)可得：$D_d = (D_d - Z_{min}/2)_{-\delta_p}^{~0} = (1.96 - 0.49/2)_{-0.01}^{~0} = 1.66_{-0.01}^{~0}~(\text{mm})$

二、整孔凸模工作部分尺寸计算

根据图 4-1 及图 4-12(b)用作图法求整孔凸模工作部分尺寸，如图 4-13 所示。

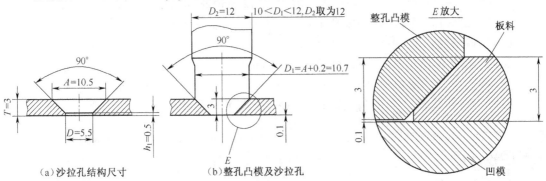

（a）沙拉孔结构尺寸　　　　（b）整孔凸模及沙拉孔

图 4-13　埋头孔及整孔冲子工作部分尺寸

任务六　模具模板尺寸的确定

任务目标

（1）了解模具模板种类、结构。
（2）掌握模具模板结构尺寸确定方法。
（3）会确定模具模板的结构、尺寸。

任务描述

确定孔整形凸、凹模及其他模板的结构、尺寸。

相关知识

本任务涉及到的相关知识请参考项目一的相关知识。

任务实施

1. 凹模板尺寸

（1）冲孔凹模刃口的设计。采用图 1-30 所示的 I 型柱口直筒形凹模，刃壁高度 $h=5$ mm。

（2）凹模结构尺寸计算。根据式（1-33），计算凹模高度 H

$H = kb = 0.4 \times 56 = 22.4$ mm，取 25 mm。

根据排样图，由 AutoCAD 查得落料凹模刃口与预冲孔凹模刃口最远距离为 93.6 mm，落料凹模刃口最大长度为 56 mm，查表 1-16 得 $C = 32 \sim 40$ mm，则

凹模长度：$A = a + 2c = 93.6 + 2 \times 32 = 157.6$（mm）

凹模宽度：$B = b + 2c = 56 + 2 \times 32 = 120$（mm）

根据 A、B、H 查附录表-15 可确定标准凹模板参数为：200 mm×160 mm×25 mm。

2. 凸模固定板、凸模垫板、凹模垫板尺寸

（1）凸模固定板

凸模固定板的轮廓尺寸与凹模固定板的轮廓尺寸相同，根据项目一的介绍，厚度可取 16~20 mm，查附录表-15，确定凸模固定板的尺寸为 200 mm×160 mm×16 mm。

（2）凸模垫板

根据项目一的介绍，凸模垫板厚度可取为 6~12 mm，轮廓尺寸与凸模固定板的轮廓尺寸相同，查附录表-15，确定凸模垫板尺寸为 200 mm×160 mm×10 mm。

（3）凹模垫板

确定凹模垫板尺寸为 200 mm×160 mm×8 mm。

任务七　定位零件设计

任务目标

（1）了解活动定位销工作原理。

（2）掌握活动动定位销设计方法。

（3）会设计活动定位销装置。

任务描述

设计活动定位销,确定导料板尺寸、导料板间距。

相关知识

定位销在模具中起着对料带定位的作用,圆形定位销适用于圆内孔定位(定位销直径 D =工件上的圆孔直径减去 0.10 mm),结构如图 4-14 所示。

活动定位销与销孔的单边间隙取大于 0.1 mm,定位销露出模板外直段高度 B (不包括圆弧段)取值: B =板料厚度 T 。

定位销热处理至 58HRC。

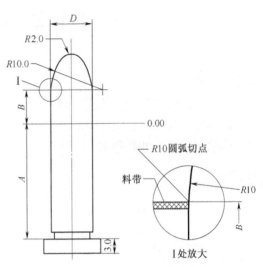

图 4-14 圆形活动定位销结构

任务实施

1. 定位销设计

根据前面的介绍,确定活动定位销的尺寸如下: B = 3 mm, D = 7 mm, A = 12 mm。其他尺寸按图 4-14 所示设定。

用作图法求得活动定位销总长度为 24.66 mm。

2. 弹簧选取

选 ϕ 10 mm×25 mm 的黄色弹簧,弹簧最大压缩量校核如下:

查附录表-11,30 万回黄色弹簧压缩比为 50%,据此计算出弹簧最大压缩量为:25×50%=12.5(mm)。

通过作图法(见图 4-15)求得活动定位销的行程为 9.56 mm<12.5 mm,因此所选弹簧满足弹簧最大压缩量要求。

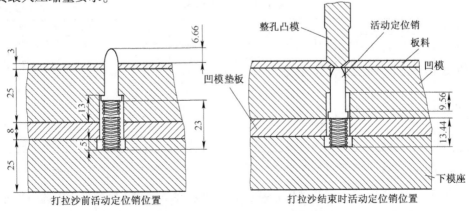

图 4-15 圆形活动定位销活动行程图

3. 导料板设计

根据板料厚为 3 mm,查表 1-20,可确定采用活动定位(挡料)销时,导料板厚度为 6~8 mm,本例导料板厚度取为 8 mm。

根据项目一图 1-6(b)确定两导料板间距 B:

$$B = D + 2a + b = 63 + 0.4 = 63.4 \,(\text{mm})$$

根据凹模尺寸,初定两块导料板尺寸为:200 mm×40 mm×8 mm。

任务八　卸料装置设计及凸模长度确定

任务目标

(1)了解弹性卸料装置工作原理。

(2)掌握弹性卸料板设计方法。

(3)会设计弹性卸料装置。

任务描述

设计弹性卸料装置。

相关知识

1. 优力胶类型

优力胶允许承受的负荷比弹簧大、安装调整方便、价格便宜,是模具中广泛应用的弹性零件,主要用于卸料、压料、推件和顶出等工作。

优力胶分为 UA 无孔优力胶和 UB 有孔优力胶,结构如图 4-16 所示,规格见表 4-4。

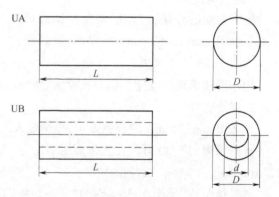

图 4-16　优力胶结构

表 4-4　优力胶规格　　　　　　　　单位:mm

UA 无孔	外径	10	15	20	25	30	35	40	45	50	60	70	80	90	100
	长度	300	300	300 500	300 500	300 500	300 500	300 500	300 500	300 500	300 500	300 500	300 500	300 500	300 500
UB 有孔	外径		15	20	25	30	35	40	45	50	60	70	80	90	100
	内径		6.5	8 8.5 12	8 11 12	8 12 13	8 12 13	8 12 15	8 12 15	8 12 16	18	18	20	25	30
	长度		300	300	300	300	300	300	300	300	300	300	300	300	300

2. 优力胶选用原则

(1)起卸料、压料作用时,优先选用 ϕ50 mm 优力胶,在空间较小区域可考虑选用其他规格。

(2)选用的优力胶要宽高比协调。

（3）优力胶工作时的最大压缩量不得超过原始高度的 25%。

任务实施

1. 弹性卸料板尺寸

根据项目一的介绍，卸料板厚度可取 10～20 mm，本例可确定卸料板厚度为 16 mm；根据凹模尺寸，弹性卸料板轮廓尺寸可取为 200 mm×160 mm×16 mm，其中台阶高度根据导料板及板料厚度确定，可确定为 6 mm。

2. 优力胶的选用

如图 4-17（a）所示，冲裁前，卸料板高出落料凸模 0.5 mm，优力胶预压 2 mm。冲裁结束，如图 4-17（b）所示，落料凸模进入凹模深度为 1 mm，板料厚为 3 mm，据此可知卸料板行程为 0.5+3+1=4.5（mm），优力胶的总压缩量为 2+0.5+3+1=6.5（mm）。

根据前述介绍，初选取 4 个 UB 型的优力胶，参数为 40 mm×13 mm×31 mm（外径 40 mm，内径 13 mm，长度 3 mm。优力胶的长度可根据需要自由截取），优力胶的最大允许压缩长度=31×25%=7.75（mm），因此所选优力胶满足要求。

3. 卸料螺钉选用

根据项目一介绍，选取 M10 卸料螺钉，根据图 4-17（a）可知：

$$卸料螺钉长度=凸模垫板厚度+凸模固定板厚度+优力胶预压后厚度$$
$$=10+16+29=55（mm）$$

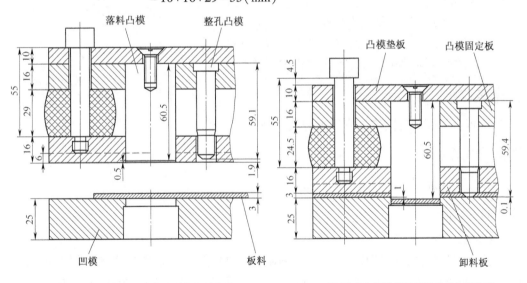

（a）冲压前卸料装置及相关零件位置关系　　　（b）冲压结束卸料装置及相关零件位置关系

图 4-17　卸料装置及相关零件位置关系图

4. 凸模结构设计

用作图法确定各凸模长度

①落料凸模［根据图 4-17（b）确定］。

$$凸模长度=凸模固定板厚度+冲压结束时优力胶厚度+卸料板厚+料厚+1 mm$$
$$=16+24.5+16+3+1=60.5（mm）。$$

②中心孔凸模结构设计。

凸模结构型式：采用 B 型圆形标准凸模。

凸模的固定形式：采用台肩固定。

凸模长度：取为 60.5 mm(同落料凸模)。

③预冲孔凸模结构设计

凸模结构形式：采用台阶式凸模。

凸模的固定形式：采用台肩固定。

凸模长度：取为 60.5 mm(同落料凸模)。

④整形孔凸模结构设计。

凸模结构形式：采用 AD 形凸模。

凸模的固定形式：采用台肩固定。

凸模长度=凸模固定板厚度+冲压结束时优力胶厚度+卸料板厚+料厚−0.4 mm

=16+24.5+16+3−0.4=59.1(mm)。

任务九　模座、导向零件、连接零件设计

任务目标

(1)了解模座、导向零件、连接零件类型及规格。

(2)掌握模座、导向零件、连接零件类型及规格确定方法。

(3)会确定模座、导向零件、连接零件类型及规格。

任务描述

确定模座、导向零件、连接零件类型及规格。

相关知识

本任务相关知识参见项目一的介绍。

任务实施

1. 标准模座选取

根据项目一的介绍及凹模周界尺寸,查附录表-30确定上、下模座的型号规格如下,上模座:200 mm×160 mm×45 mm GB/T 2855.1—2008,下模座:200 mm×160 mm×40 mm GB/T 2855.2—2008。

2. 合模高度计算及模具的闭合高度校核

闭模时,模具各零件的相对位置关系如图 4-18 所示。从图中可直接测量得到模具闭合高度为 187.5 mm。

也可通过计算得到合模高度,合模高度为上下模座厚度、凸模垫板厚度、凸模长度、凹模厚度之和减去凸模进入凹模的深度,即：

合模高度 = 40 + 10 + 20 + 20.5 + 16 + 3 + 25 + 8 + 45 = 187.5 (mm)

因为压力机最大闭合高度为 255 mm,连杆调节量为 65 mm,因此所选压力机满足模具闭合高度要求,但需在工作台面上配备垫块。

3. 导柱、导套的选取

如图 4-18 所示,根据式(1-36)可得:

$$导柱长度 = 187.5 - (2 \sim 3) - (10 \sim 15) = 169.5 \sim 175.5 \text{ mm}$$

可查附录表-31、附录表-32 可确定导柱、导套型号为:

导柱(右):B28h5×170×45;

导柱(左):B32h5×170×45;

导套(右):A28H6×100×38;

导套(左):A32H6×100×38。

4. 模柄的选取

根据压力机滑块孔直径及深度选用标准压入式模柄,规格为:A50×105。

5. 螺钉销钉的选取

参考项目一介绍的方法可确定螺钉、销钉规格。

落料凸模固定:沉头螺钉 2×M8×20。

凸模固定板固定:螺钉 4×M12×50,销钉 2×φ12 mm×50 mm。

凹模固定:螺钉 4×M12×60,销钉 2×φ12 mm×55 mm。

导料板固定:埋头螺钉 4×M8×20,销钉 4×φ8 mm×16 mm。。

模柄止转销:销钉 φ8 mm×10 mm。

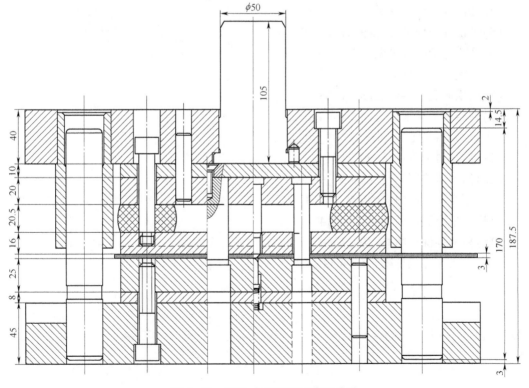

图 4-18　闭时,各零件相对位置关系

任务十　装配图、零件图绘制

任务目标

（1）了解模具零件图、装配图的作用。

（2）掌握模具零件图、装配图的画法。

（3）会绘制模具零件图、装配图。

任务描述

绘制模具零件图、装配图。

相关知识

相关知识参考项目一。

任务实施

参考项目一绘制零件图、装配图如下：

（1）凹模零件图见图 CY_04_01。

（2）落料凸模零件见图 CY_04_02。

（3）中心孔凸模零件见图 CY_04_03。

（4）预冲孔凸模零件见图 CY_04_04。

（5）整形孔凸模零件见图 CY_04_05。

（6）凸模垫板零件见图 CY_04_06。

（7）凹模垫板零件见图 CY_04_07。

（8）凸模固定板零件见图 CY_04_08。

（9）弹压卸料板零件见图 CY_04_09。

（10）前导料板零件见图 CY_04_10。

（11）后导料板零件见图 CY_04_11。

（12）活动定位销零件见图 CY_04_12。

（13）下模座零件图见图 CY_04_13。

（14）上模座零件见图 CY_04_14。

（15）模柄零件见图 CY_04_15。

（16）模具装配图见图 CY_04_00。

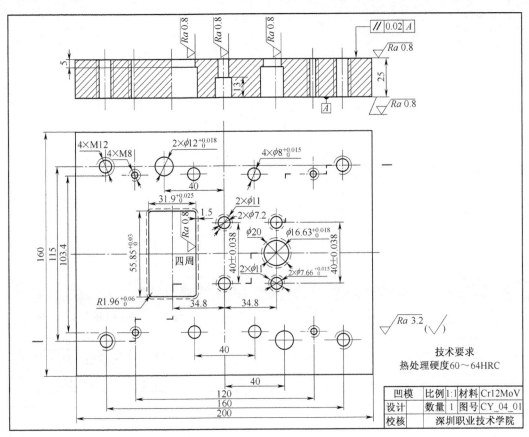

技术要求
热处理硬度60～64HRC

凹模	比例	1:1	材料	Cr12MoV
设计		数量	1	图号	CY_04_01
校核		深圳职业技术学院		

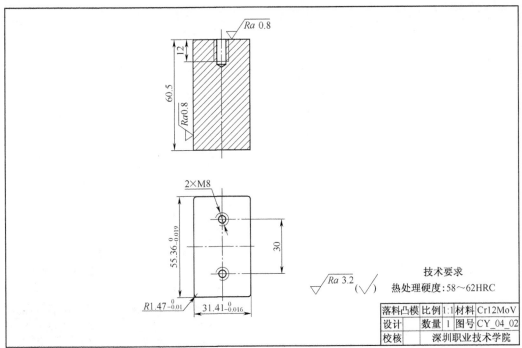

技术要求
热处理硬度：58～62HRC

落料凸模	比例	1:1	材料	Cr12MoV
设计		数量	1	图号	CY_04_02
校核		深圳职业技术学院		

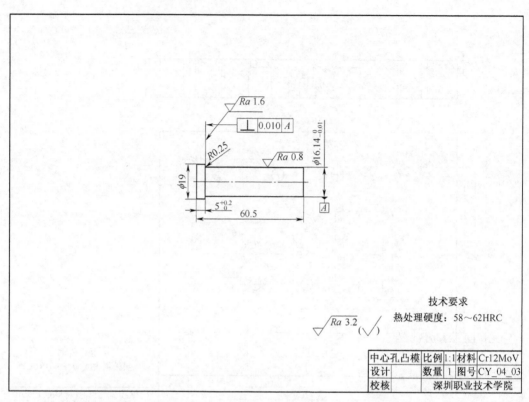

技术要求
热处理硬度：58～62HRC

$\sqrt{Ra\ 3.2}$ $(\sqrt{})$

中心孔凸模		比例	1:1	材料	Cr12MoV
设计		数量	1	图号	CY_04_03
校核		深圳职业技术学院			

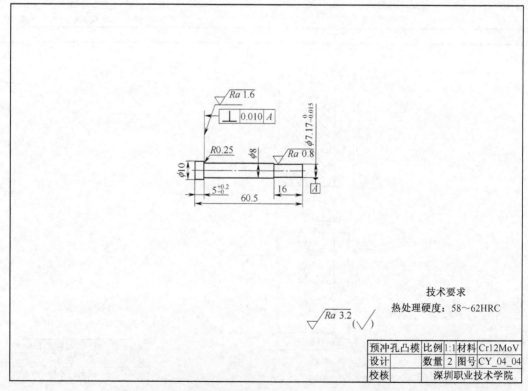

技术要求
热处理硬度：58～62HRC

$\sqrt{Ra\ 3.2}$ $(\sqrt{})$

预冲孔凸模		比例	1:1	材料	Cr12MoV
设计		数量	2	图号	CY_04_04
校核		深圳职业技术学院			

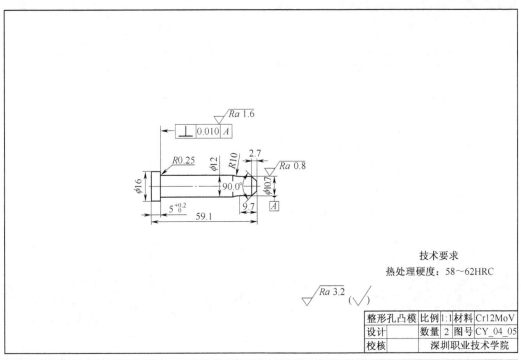

技术要求

热处理硬度：58～62HRC

$\sqrt{Ra\,3.2}\;(\sqrt{})$

整形孔凸模		比例	1:1	材料	Cr12MoV
设计		数量	2	图号	CY_04_05
校核		深圳职业技术学院			

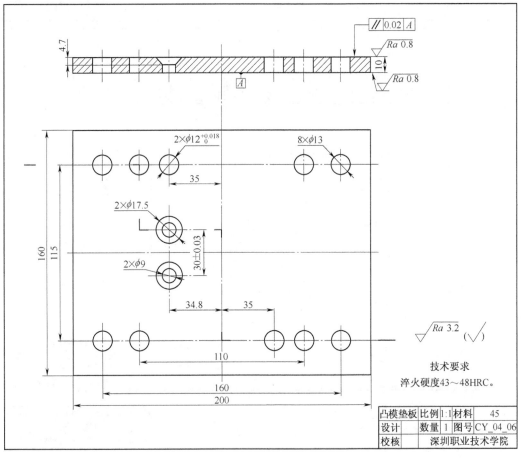

技术要求

淬火硬度43～48HRC。

$\sqrt{Ra\,3.2}\;(\sqrt{})$

凸模垫板		比例	1:1	材料	45
设计		数量	1	图号	CY_04_06
校核		深圳职业技术学院			

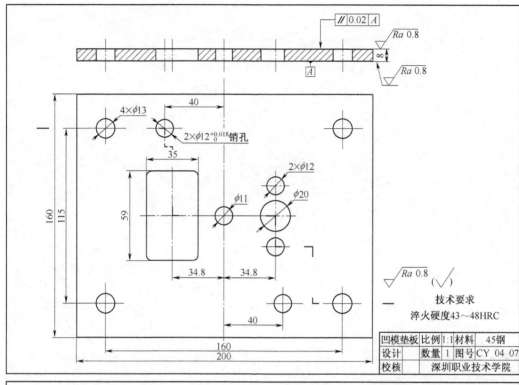

// 0.02 A

Ra 0.8

Ra 0.8

A

4×φ13

40

2×φ12$^{+0.018}_{0}$销孔

35

59

115

160

2×φ12

φ11

φ20

34.8

34.8

40

160

200

√Ra 0.8 (√)

—

技术要求

淬火硬度43~48HRC

凹模垫板	比例	1:1	材料	45钢
设计		数量	1 图号	CY 04 07
校核		深圳职业技术学院		

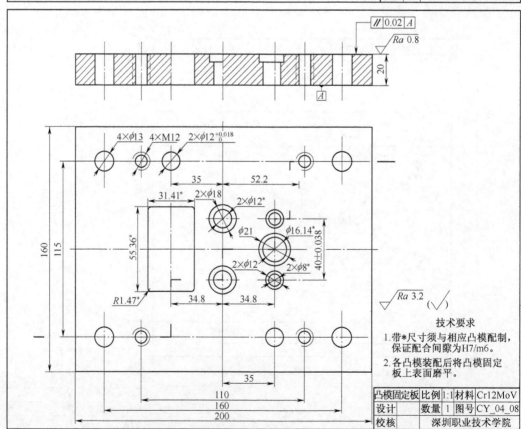

// 0.02 A

Ra 0.8

20

A

4×φ13 4×M12 2×φ12$^{+0.018}_{0}$

35

52.2

31.41*

2×φ18

2×φ12*

φ21

φ16.14*

40±0.038

2×φ12

2×φ8*

55.36*

160

115

R1.47*

34.8

34.8

35

110

160

200

√Ra 3.2 (√)

技术要求

1. 带*尺寸须与相应凸模配制，保证配合间隙为H7/m6。
2. 各凸模装配后将凸模固定板上表面磨平。

凸模固定板	比例	1:1	材料	Cr12MoV
设计		数量	1 图号	CY_04_08
校核		深圳职业技术学院		

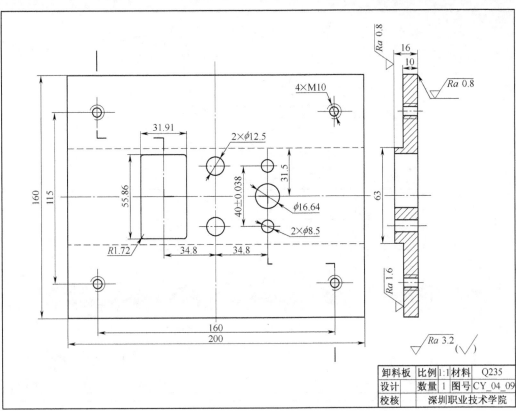

卸料板	比例	1:1	材料	Q235
设计		数量	1	图号	CY_04_09
校核		深圳职业技术学院		

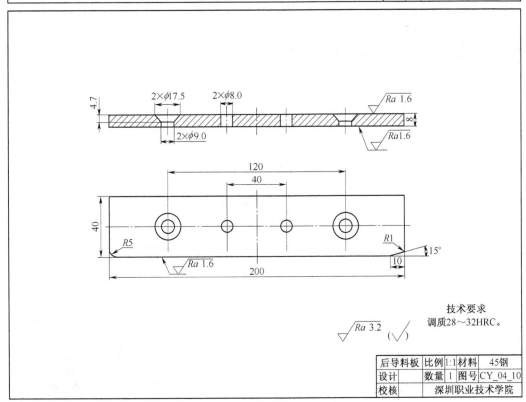

技术要求
调质28～32HRC。

后导料板	比例	1:1	材料	45钢
设计		数量	1	图号	CY_04_10
校核		深圳职业技术学院		

163

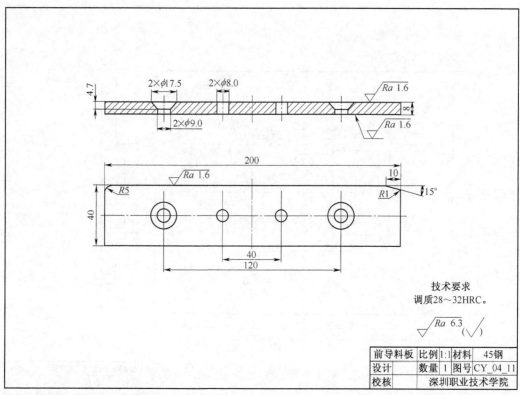

技术要求
调质28～32HRC。

$\sqrt{Ra\ 6.3}$ ($\sqrt{}$)

前导料板	比例	1:1	材料	45钢
设计		数量 1	图号	CY_04_11
校核			深圳职业技术学院	

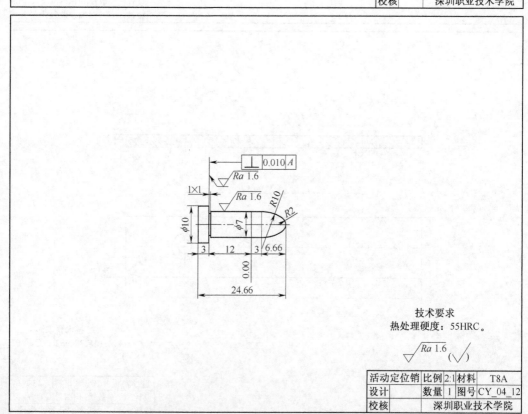

技术要求
热处理硬度：55HRC。

$\sqrt{Ra\ 1.6}$ ($\sqrt{}$)

活动定位销	比例	2:1	材料	T8A
设计		数量 1	图号	CY_04_12
校核			深圳职业技术学院	

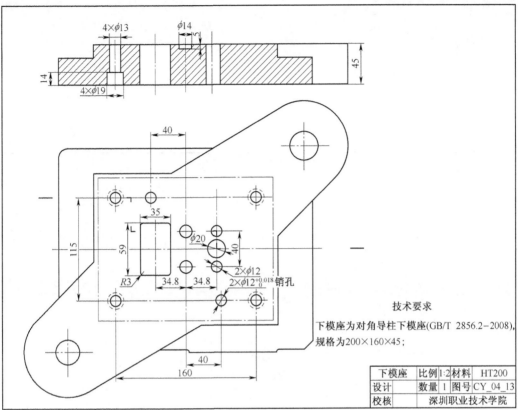

技术要求

下模座为对角导柱下模座(GB/T 2856.2-2008)，
规格为200×160×45；

下模座	比例1:2	材料	HT200
设计	数量 1	图号	CY_04_13
校核		深圳职业技术学院	

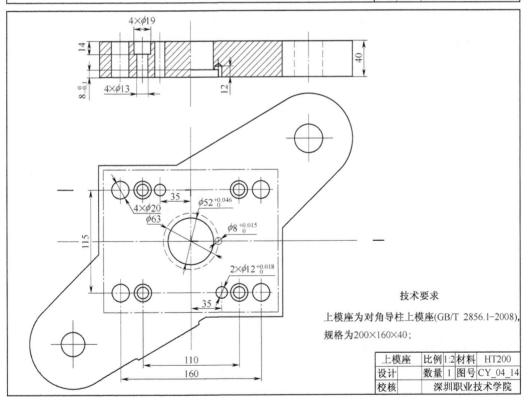

技术要求

上模座为对角导柱上模座(GB/T 2856.1-2008)，
规格为200×160×40；

上模座	比例1:2	材料	HT200
设计	数量 1	图号	CY_04_14
校核		深圳职业技术学院	

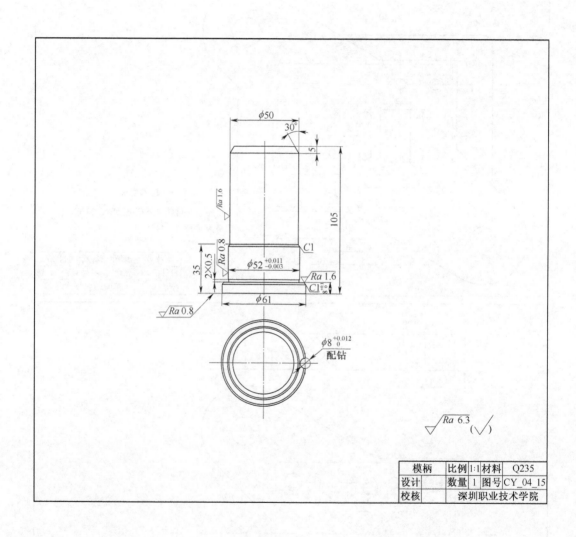

模柄	比例	1:1	材料	Q235
设计	数量	1	图号	CY_04_15
校核	深圳职业技术学院			

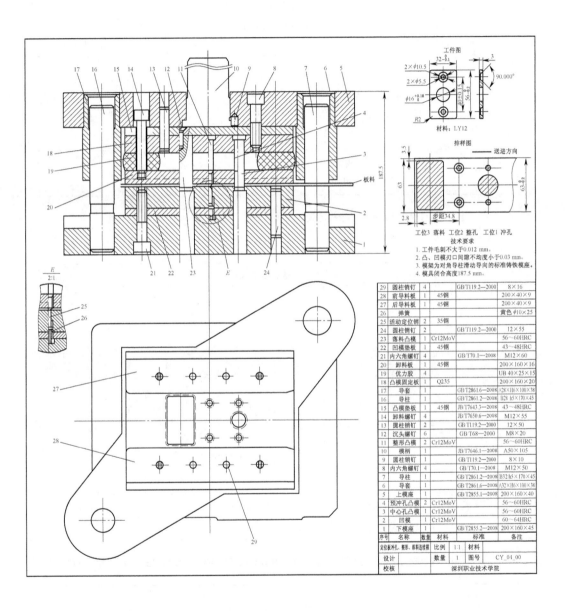

工件图

材料：LY12

排样图

送进方向

工位3 落料 工位2 整形 工位1 冲孔

技术要求

1. 工件毛刺不大于0.012 mm。
2. 凸、凹模刃口间隙不均度小于0.03 mm。
3. 模架为对角导柱滑动导向的标准铸铁模座。
4. 模具闭合高度187.5 mm。

序号	名称	数量	材料	标准	备注
29	圆柱销钉	4		GB/T119.2—2000	8×16
28	前导料板	1	45钢		200×40×9
27	后导料板	1	45钢		200×40×9
26	弹簧				黄色 φ10×25
25	活动定位销	2	35钢		
24	圆柱销钉	2		GB/T119.2—2000	12×55
23	落料凸模	1	Cr12MoV		56～60HRC
22	凹模垫板	1	45钢		43～48HRC
21	内六角螺钉	4		GB/T70.1—2008	M12×60
20	卸料板	1	45钢		200×160×16
19	优力胶	4			UB 40×25×15
18	凸模固定板	1	Q235		200×160×20
17	导套	1		GB/T2861.6—2008	A28×H6×100×38
16	导柱	1		GB/T2861.2—2008	B28 h5×170×45
15	凸模垫板	1	45钢	JB/T7643.3—2008	43～48HRC
14	卸料螺钉	4		JB/T7650.6—2008	M12×55
13	圆柱销钉	2		GB/T119.2—2000	12×50
12	沉头螺钉	6		GB/T68—2000	M8×20
11	整形凸模	2	Cr12MoV		56～60HRC
10	模柄	1		JB/T7646.1—2008	A50×105
9	圆柱销钉	1		GB/T119.2—2000	8×10
8	内六角螺钉	4		GB/T70.1—2008	M12×50
7	导柱	1		GB/T2861.2—2008	B32 h5×170×45
6	导套	1		GB/T2861.6—2008	A32×H6×100×38
5	上模座	1		GB/T2855.1—2008	200×160×40
4	预冲孔凸模	2	Cr12MoV		56～60HRC
3	中心孔凸模	1	Cr12MoV		56～60HRC
2	凹模	1	Cr12MoV		60～64HRC
1	下模座	1		GB/T2855.2—2008	200×160×45
序号	名称	数量	材料	标准	备注

定位板冲孔、整形、落料连续模		比例	1:1	材料	
设计		数量	1	图号	CY_04_00
校核		深圳职业技术学院			

E
2:1

技 能 训 练

深 圳 职 业 技 术 学 院

shenzhen polytechnic

实 训(验)项 目 单

Training ltem

编制部门 Dept.:模具设计制造实训室   编制 Name:匡和碧   编制日期 Date:

项目编号 Item No.	CY04	项目名称 Item	定位板冲孔、整形、 落料级进模设计	训练对象 Class	三年制	学时 Time	12h
课程名称 Course	冲压模具设计		教材 Textbook		冲压模具设计		
目的 Objective	通过本项目的实训掌握孔整形模的设计方法及步骤						

实训(验)内容(Content)

连接板冲孔落料级进模设计

1. 图样及技术 要求	1. 零件名称:定位板; 2. 材料:LY12; 3. 厚度:3 mm; 4. 生产批量:40 0000 件/年	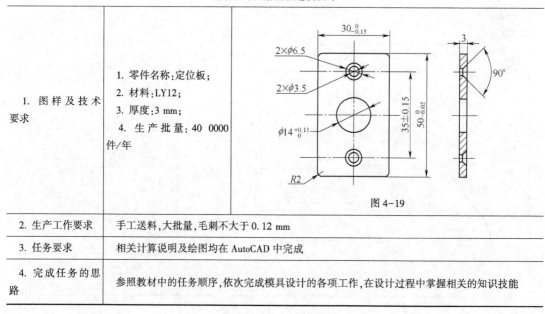 <center>图 4-19</center>
2. 生产工作要求	手工送料,大批量,毛刺不大于 0.12 mm	
3. 任务要求	相关计算说明及绘图均在 AutoCAD 中完成	
4. 完成任务的思路	参照教材中的任务顺序,依次完成模具设计的各项工作,在设计过程中掌握相关的知识技能	

理 论 考 核

一、填空题(每空 2.5 分,共 40 分)

1. 用模具将板料上的孔翻成直壁的冲压工序称为_____。

2. 在板状金属上压筋,有助于增加结构_____。

3. 翻边又称_____;沙拉孔又称_____。

4. 在一副模具中具有多个等距离工位，并在压力机的一次进程中，在不同的工位上依次完成各冲压工序的模具，简称_____模，又叫_____模。

5. 活动定位销材料选用_____；热处理硬度为_____。

6. 活动定位销与销孔的单边间隙取大于_____。

7. 优力胶分为_____和_____两类，优先采用_____类。

8. 卸料、压料时，优先选用_____规格的优力胶。

9. 优力胶工作时的最大压缩量不超过原始高度的_____。

10. 压凸时，材料厚度为 t，最大压凸高度为_____。

11. 材料厚度为 t 的板料，压筋高度为_____。

12. 在材料厚度为 1.5 mm 的板料上攻制 M6 螺纹，预冲孔径为_____。

13. 二步法打沙拉时，材料为 LY12，料厚为 2 mm，大径 A 为 5 mm，小径 D 为 3.8 mm，角度为 β 为 90°，预冲孔径为_____。

14. 对角导柱模架常用于_____送料的级进模。

15. 凹模周界尺寸为 200 mm×100 mm，模座厚度为 40 mm，选用导柱直径为____ mm。

16. 圆柱头内六角卸料螺钉型号为 M10×50，则螺钉外形总长度为____ mm。

二、简答题（每题 20 分，共 60 分）

1. 沙拉孔结构参数有哪些？有何要求？

2. 沙拉孔成型方法有哪几种？各有何特点？

3. 试述沙拉孔三步成型法步骤？

附录

附录表-1 冲压常用金属材料的力学性能

材料名称	牌号	材料的状态	力学性能				
			抗剪强度 $\tau(MPa)$	抗拉强度 $\sigma_b(MPa)$	屈服点 $\sigma_s(MPa)$	伸长率 $\delta(\%)$	弹性模量 $E(10^3 MPa)$
普通碳素钢	Q195	未经退火	225~314	314~392		28~33	
	Q215		265~333	333~412	216	26~31	
	Q235		304~373	432~461	253	21~25	
	Q255		333~412	481~511	255	19~23	
优质碳素结构钢	08F	已退火的	216~304	275~383	177	32	
	08		255~353	324~441	196	32	186
	10F		216~333	275~412	186	30	
	10		255~340	294~432	206	29	194
	15		265~373	333~471	225	26	198
	20		275~392	353~500	245	25	206
	35		392~511	490~637	314	20	197
	45		432~549	539~686	353	16	200
	50		432~569	539~716	373	14	216
不锈钢	1Cr13	已退火的	314~373	392~416	412	21	206
	2Cr13		314~392	392~490	441	20	206
	1Cr17Ni8	经热处理的	451~511	569~628	196	35	196
铝锰合金	LF21	已退火的	69~98	108~142	49	19	
		半冷作硬化的	98~137	152~196	127	13	
硬铝 （杜拉铝）	LY12	已退火的	103~147	147~211		12	
		淬硬并自然时效	275~304	392~432	361	15	
		淬硬后冷作硬化	275~314	392~451	333	10	
纯铜	T1,T2,T3	软的	157	196	69	30	106
		硬的	235	294		3	127

附录表-2 模具工作零件的常用材料及热处理要求

模具类型		零件名称及使用条件	材料牌号	热处理硬度/HRC	
				凸模	凹模
冲裁模	1	冲裁料厚 $t \leqslant 3$mm,形状简单的凸模、凹模和凸凹模	T8A,T1OA,9Mn2V	58~62	60~64
	2	冲裁料厚 $t \leqslant 3$mm,形状复杂或冲裁厚 $t > 3$mm 的凸模、凹模和凸凹模	CrWMn,Cr6WV,9Mn2V,Cr12,Cr12MoV,GCr15	58~62	62~64
	3	要求高度耐磨的凸模、凹模和凸凹模,或生产量大、要求特长寿命的凸、凹模	W18Cr4V,120Cr4W2MoV	60~62	61~63
			65CrgMo3W2VNb(65Nb)	56~58	58~60
			YG15,YG20	—	
	4	材料加热冲裁时用凸、凹模	3Cr2W8,5CrNiMo,CrMnMo	48~52	
			6Cr4Mo3Ni2WV(CG-2)	51~53	
弯曲模	1	一般弯曲用的凸、凹模及镶块	T8A,T10A,9Mn2V	56~60	
	2	要求高度耐磨的凸、凹模及镶块;形状复杂的凸、凹模及镶块;冲压生产批量特大的凸、凹模及镶块	CrWMn,Cr6Wv,Cr12,Cr12MoV,GCr15	60~64	
	3	材料加热弯曲时用的凸、凹模及镶块	5CrNiMo,5CrNiTi,5CrMnMo	52~56	
拉深模	1	一般拉深用的凸模和凹模	T8A,T10A,9Mn2V	58~62	60~64
	2	要求耐磨的凹模和凸凹模,或冲压生产批量大、要求特长寿命的凸、凹模材料	Cr12,Cr12MoV,GCr15	60~62	62~64
			YG8,YG15	—	
	3	材料加热拉深用的凸模和凹模	5CrNiMo,5CrNiTi	52~56	

附录表-3 模具一般零件的常用材料及热处理要求

零件名称	使用情况	材料牌号	热处理硬度/HRC
上、下模板(座)	一般负载	HT200,HT250	—
	负载较大	HT250,Q235	—
	负载特大,受高速冲击	45	—
	用于滚动式导柱模架	QT400-18. ZG310-570	—
	用于大型模具	HT250,ZG310-570	—
模柄	压入式、旋入式和凸缘式	Q235	—
	浮动式模柄及球面垫块	45	43~48
导柱、导套	大量生产	20	58—62(渗碳)
	单件生产	T10A. 9Mn2V	56~60
	用于滚动配合	Cr12. GCr15	62~64
垫块	一般用途	45	43~48
	单位压力大	T8A. 9Mn2V	52~56

续表

零件名称	使用情况	材料牌号	热处理硬度/HRC
推板、顶板	一般用途	Q235	
	重要用途	45	43~48
推杆、顶杆	一般用途	45	43~48
	重要用途	C16WV. CrWMn	56~60
导正销	一般用途	T10A. 9Mn2V	56^~62
	高耐磨	Cr12MoV	60~62
固定板、卸料板		Q235,45	
定位板		45	43~48
		T8	52~56
导料板(导尺)		45	43~48
托料板		Q235	
挡料销、定位销		45	43~48
废料切刀		T10A. 9Mn2V	56~60
定距侧刃		T8A,T10A,9Mn2V	56~60
侧压板		45	43~48
侧刃挡板		T8A	54~58
拉深模压边圈		T8A	54~58
斜楔、滑块		T8A. T10A	58~62
		45	43~48
限位圈(块)		45	43~48
弹簧		65Mn. 60Si2MnA	40~48

附录表-4　冲压模具零件表面粗糙度

使 用 范 围	表面粗糙度 Ra/mm	原光洁度等级
粗糙的、不重要的表面(如下模座的漏料孔)	12.5,25	▽3
不与冲压制件及模具零件相接触的表面	6.3,12.5	▽4
1. 无特殊要求(不磨加工)的支承、定位和紧固表面——用于非热处理的零件;2. 模座平面	3.2,6.3	▽5
1. 内孔表面——在非热处理零件上配合使用;2. 模座平面	1.6,3.2	▽3
1. 成形的凸模和凹模刃口,凸模凹模镶块的接合面;2. 过盈配合和过渡配合的表面——用于热处理的零件;3. 支承定位和紧固表面——用于热处理的零件;4. 磨加工的基准面;5. 要求准确的工艺基准表面	0.8,1.6	▽7
1. 压弯、拉深、成形的凸模和凹模工作表面;2. 圆柱表面和平面的刃口;3. 滑动和精确导向的表面	0.4,0.8	▽8

使 用 范 围	表面粗糙度 Ra/mm	原光洁度等级
抛光的成形面及平面	0.2,0.4	▽10
抛光的旋转表面	0.1,0.2	▽11

注:在有利于加工又不影响使用时,可按照表面粗糙度数值中后一个数值加工;当表面要求较高时,按照前一个数值加工

附录表–5　冲压零件常用公差、配合

配合零件名称	精度及配合	配合零件名称	精度及配合
导柱与下模座	$\dfrac{H7}{r6}$	固定挡料销与凹模	$\dfrac{H7}{n6}$ 或 $\dfrac{H7}{m6}$
导套与上模座	$\dfrac{H7}{r6}$	活动挡料销与卸料板	$\dfrac{H9}{h8}$、$\dfrac{H9}{h9}$
导柱与导套	$\dfrac{H6}{h5}$ 或 $\dfrac{H7}{h6}$、$\dfrac{H7}{f7}$	圆柱销与凸模固定板、上下模座等	$\dfrac{H7}{n6}$
模柄(带法兰盘)与上模座	$\dfrac{H8}{h8}$,$\dfrac{H9}{h9}$	螺钉与过孔	0.5 mm 或 1 mm(单边)
凸模与凸模固定板	$\dfrac{H7}{m6}$,$\dfrac{H7}{k6}$	卸料板与凸模或凸凹模	0.1~0.5 mm(单边)
		顶件板与凹模	0.1~0.5 mm(单边)
凸模(凹模)与上、下模座(镶入式)	$\dfrac{H7}{h6}$	推杆(打杆)与模柄	0.5~1 mm(单边)
		推销(顶销)与凸模固定板	0.2~0.5 mm(单边)

附录表–6　标准公差数值(GB/T1800.2—2009)

基本尺寸		公 差 值														
		IT4	IT5	IT6	IT7	IT8	IT9	IT10	IT11	IT12	IT13	IT14	IT15	IT16	IT17	IT18
大于	到	mm								mm						
-1	3	3	4	6	10	14	25	40	60	0.10	0.14	0.25	0.40	0.60	1.0	1.4
3	6	4	5	8	12	18	30	48	75	0.12	0.18	0.30	0.48	0.75	1.2	1.8
6	10	4	6	9	15	22	36	58	90	0.15	0.22	0.36	0.58	0.90	1.5	2.2
10	18	5	8	11	18	27	43	70	110	0.18	0.27	0.43	0.70	1.10	1.8	2.7
18	30	6	9	13	21	33	52	84	130	0.21	0.33	0.52	0.84	1.30	2.1	3.3
30	50	7	11	16	25	39	62	100	160	0.25	0.39	0.62	1.00	1.60	2.5	3.9
50	80	8	13	19	30	46	74	120	190	0.30	0.46	0.74	1.20	1.90	3.0	4.6
80	120	10	15	22	35	54	87	140	220	0.35	0.54	0.87	1.40	2.20	3.5	5.4
120	180	12	18	25	40	63	100	160	250	0.40	0.63	1.00	1.60	2.50	4.0	6.3
180	250	14	20	29	46	72	115	185	290	0.46	0.72	1.15	1.85	2.90	4.6	7.2
250	315	16	23	32	52	81	130	210	320	0.52	0.81	1.30	2.10	3.20	5.2	8.1
315	400	18	25	36	57	89	140	230	360	0.57	0.89	1.40	2.30	3.60	5.7	8.9
400	500	20	27	40	63	97	155	250	400	0.63	0.97	1.55	2.50	4.00	6.3	9.7

注:基本尺寸小于 1 mm 时,无 IT14 至 IT18。

冲压模具设计——基于工作过程的项目式教程

附录表-7 常用配合的极限偏差（GB/T1800.2—2009）

单位：μm

| 基本尺寸 | | 孔公差带 H | | | | 轴公差带 h | | | | k | | m | | n | | p | | r | | s | | u |
大于	至	6	7	8	9	5	6	7	8	6	7	6	7	6	7	6	7	6	7	6	7	6
—	3	+6/0	+10/0	+14/0	+25/0	0/-4	0/-6	0/-10	0/-14	+6/0	+10/0	+8/+2	+12/+2	+10/+4	+14/+4	+12/+6	+16/+6	+16/+10	+20/+10	+20/+14	+24/+14	+24/+18
3	6	+8/0	+12/0	+18/0	+30/0	0/-5	0/-8	0/-12	0/-18	+9/+1	+13/+1	+12/+4	+16/+4	+16/+8	+20/+8	+20/+12	+24/+12	+23/+15	+27/+15	+27/+19	+31/+19	+31/+23
6	10	+9/0	+15/0	+22/0	+36/0	0/-6	0/-9	0/-15	0/-22	+10/+1	+16/+1	+15/+6	+21/+6	+19/+10	+25/+10	+24/+15	+30/+15	+28/+19	+34/+19	+32/+23	+36/+23	+37/+28
10	18	+11/0	+18/0	+27/0	+43/0	0/-8	0/-11	0/-18	0/-27	+12/+1	+19/+1	+18/+7	+25/+7	+23/+12	+30/+12	+29/+18	+36/+18	+34/+23	+41/+23	+39/+28	+46/+28	+44/+33
18	24	+13/0	+21/0	+33/0	+52/0	0/-9	0/-13	0/-21	0/-33	+15/+2	+23/+2	+21/+8	+29/+8	+28/+15	+36/+15	+35/+22	+43/+22	+41/+28	+49/+28	+48/+35	+56/+35	+54/+41
24	30	+13/0	+21/0	+33/0	+52/0	0/-9	0/-13	0/-21	0/-33	+15/+2	+23/+2	+21/+8	+29/+8	+28/+15	+36/+15	+35/+22	+43/+22	+41/+28	+49/+28	+48/+35	+56/+35	+61/+48
30	40	+16/0	+25/0	+39/0	+62/0	0/-11	0/-16	0/-25	0/-39	+18/+2	+27/+2	+25/+9	+34/+9	+33/+17	+42/+17	+42/+26	+51/+26	+50/+34	+59/+34	+59/+43	+68/+43	+76/+60
40	50	+16/0	+25/0	+39/0	+62/0	0/-11	0/-16	0/-25	0/-39	+18/+2	+27/+2	+25/+9	+34/+9	+33/+17	+42/+17	+42/+26	+51/+26	+50/+34	+59/+34	+59/+43	+68/+43	+86/+70
50	65	+19/0	+30/0	+46/0	+74/0	0/-13	0/-19	0/-30	0/-46	+21/+2	+32/+2	+30/+11	+41/+11	+39/+20	+50/+20	+51/+32	+62/+32	+60/+41	+71/+41	+72/+53	+83/+53	+106/+87
65	80	+19/0	+30/0	+46/0	+74/0	0/-13	0/-19	0/-30	0/-46	+21/+2	+32/+2	+30/+11	+41/+11	+39/+20	+50/+20	+51/+32	+62/+32	+62/+43	+73/+43	+78/+59	+89/+59	+121/+102
80	100	+22/0	+35/0	+54/0	+87/0	0/-15	0/-22	0/-35	0/-54	+25/+3	+38/+3	+35/+13	+48/+13	+45/+23	+58/+23	+59/+37	+72/+37	+73/+51	+86/+51	+93/+71	+106/+71	+146/+124
100	120	+22/0	+35/0	+54/0	+87/0	0/-15	0/-22	0/-35	0/-54	+25/+3	+38/+3	+35/+13	+48/+13	+45/+23	+58/+23	+59/+37	+72/+37	+76/+54	+89/+54	+101/+79	+114/+79	+166/+144
120	140	+25/0	+40/0	+63/0	+100/0	0/-18	0/-25	0/-40	0/-63	+28/+3	+43/+3	+40/+15	+55/+15	+52/+27	+67/+27	+68/+43	+83/+43	+88/+63	+103/+63	+117/+92	+132/+92	+195/+170

附录表-8　J21 系列开式固定台压力机参数

技术规格	单位	J21-40	J21-63	J21-80	J21-100	J21-160	J21-200	J21-300
公称力	kN	400	630	800	1 000	1 600	2 000	3 000
公称力行程	mm	2.8	4	4	5	6	6	6
滑块行程	mm	80	120	120	130	140	145	150
行程次数	min⁻¹	45	40	40	38	38	38	32
最大装模高度	mm	255	270	295	365	335	357	420
装模高度调节量	mm	65	80	80	100	100	100	100
喉深(Depth of throat)	mm	250	290	310	380	380	400	400
工作台尺寸(前后×左右)	mm	460×720	540×840	570×920	710×1080	710×1160	750×1200	770×1400
滑块底面尺寸(前后×左右)	mm	260×300	290×330	340×400	360×430	360×430	380×500	450×600
模柄孔尺寸(直径/深度)	mm	$\phi50/70$	$\phi50/70$	$\phi60/70$	$\phi60/85$	$\phi60/90$	$\phi60/90$	$\phi60/90$
电动机功率	kW	4	5.5	5.5	7.5	11	11	22

注:最大装模高度是在调节机构调到上极限位置(调节量为 0)和滑块处于下死点时滑块底面至工作台垫板上平面的距离。

附录表-9　J23 系列开式可倾台压力机参数

技术规格		单位	J23-3.15	J23-6.3	J23-10	J23-16	J23-25	J23-35
公称力		kN	31.5	63	100	160	250	350
公称力行程		mm	1	1.5	1.5	1.5	2	2
滑块行程		mm	25	35	45	55	65	100
行程次数		min⁻¹	200	170	145	130	105	60
最大封闭高度		mm	120	185	210	220	270	290
封闭高度调节量		mm	25	30	35	45	50	60
喉深(Dpth of throat)		mm	90	120	130	160	200	210
工作台尺寸(前后×左右)		mm	355×100	355×210	370×240	450×300	560×370	610×380
滑块底面尺寸(前后×左右)		mm	90×100	130×140	160×170	190×200	220×250	220×250
模柄孔尺寸(直径/深度)		mm	$\phi25/40$	$\phi30/55$	$\phi30/55$	$\phi40/60$	$\phi40/60$	$\phi40/60$
垫板尺寸	厚度	mm	30	40	45	48	50	65
	孔径		60	60	80	100	120	150
电动机功率		kW	0.55	0.75	1.1	1.5	1.5	2.2
床身最大倾斜角度		deg	45°	45°	35°	35°	35°	30°

注:最大封闭高度是滑块底面至工作台面(去掉工作台垫板)之间距离。

附录表-10　弹簧规格　　　　　　　　　　　　　　　　　　单位：mm

弹簧外径 D		$\phi8$	$\phi10$	$\phi12$	$\phi14$	$\phi16$	$\phi18$	$\phi20$	$\phi22$	$\phi25$	$\phi30$	$\phi35$	$\phi40$	$\phi50$
过孔直径 D_1		$\phi8.5$	$\phi10.5$	$\phi12.5$	$\phi14.5$	$\phi17.0$	$\phi19.0$	$\phi21.0$	$\phi23.0$	$\phi26.0$	$\phi32.0$	$\phi37.0$	$\phi42.0$	$\phi52.0$
上模座沉孔直径 D_2		$\phi12.0$	$\phi14.0$	$\phi16.0$	$\phi18.0$	$\phi20.0$	$\phi23.0$	$\phi26.0$	$\phi26.0$	$\phi30.0$	$\phi35.0$	$\phi40.0$	$\phi45.0$	$\phi55.0$
长度 L	弹簧 TF(黄)	×	20~80	20~80	25~90	25~100	25~100	25~125	×	25~150	25~175	40~200	50~250	60~300
	弹簧 TL(蓝)	×	20~80	20~80	25~90	25~100	25~100	25~125	×	25~150	25~175	40~200	50~250	60~300
	弹簧 TM(红)	15~60	20~60	20~60	25~70	25~80	25~90	25~100	25~125	25~125	25~175	45~200	50~250	60~300
	弹簧 TH(绿)	15~60	20~60	20~60	25~70	25~80	25~90	25~100	25~125	25~125	25~175	40~200	50~250	60~300
	弹簧 TB(棕)	15~60	20~80	20~80	25~90	25~100	25~100	25~100	25~125	25~125	25~175	40~200	50~250	60~300

注：1. 弹簧外径系列：$\phi8$ mm，$\phi10$ mm，$\phi12$ mm，$\phi14$ mm，$\phi16$ mm，$\phi18$ mm，$\phi20$ mm，$\phi22$ mm，$\phi25$ mm，$\phi30$ mm，$\phi35$ mm，$\phi40$ mm，$\phi50$ mm 等。

　2. 弹簧长度：15 mm≤L≤80 mm 时，每 5 mm 为一个阶；80 mm≤L≤100 mm 时，每 10 mm 为一个阶；L≥100 mm 时，每 25 mm 为一个阶。

　3. 弹簧内径等于弹簧外径的二分之一。

　4. 直径≥$\phi25.0$ mm 时，过孔取单边大 1.0 mm，如 $\phi30.0$ mm 的弹簧，在模板的过孔为 $\phi32.0$ mm。

　5. 直径<$\phi25.0$ mm 时，过孔取单边大 0.5 mm，如 $\phi20.0$ mm 的弹簧，在模板的过孔为 $\phi21.0$ mm。

　6. 弹簧过(沉)孔位置尺寸可不用标注；直径尺寸则在注解处说明，精确到小数点后一位。

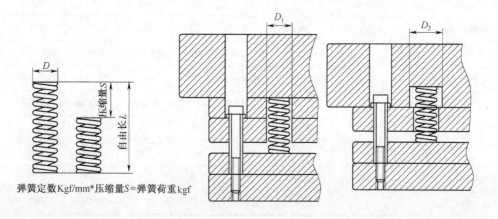

弹簧定数Kgf/mm*压缩量S=弹簧荷重kgf

附录表-11　弹簧负载及压缩比

弹簧种类	D	30 万回		50 万回		100 万回	
		荷重 kgf(N)	最大压缩比	荷重 kgf(N)	最大压缩比	荷重 kgf(N)	最大压缩比
黄色 TF	8	8(78.5)	50%	7(68.6)	45%	6(58.8)	40%
	10	10(98.1)		9(88.3)		8(78.5)	
	12	14(137.3)		12.5(122.6)		11(107.9)	
	14	18(176.5)		16(156.9)		14.5(142.2)	
	16	21(206)		19(186.3)		17(166.7)	
	18	26(255)		23(226)		21(206)	
蓝色 TL	14	28(275)	40%	25(245)	36%	22(216)	32%
	16	35(343)		32(314)		28(275)	
	18	43(422)		39(382)		34(333)	
	20	54(530)		49(481)		43(422)	
	22	67(657)		60(588)		54(530)	
	25	84(824)		76(745)		67(657)	
	27	100(981)		90(883)		80(785)	
	30	121(1187)		109(1069)		97(951)	
红色 TM	14	39(383)	32%	35(343)	28%	31(304)	25%
	16	51(500)		46(451)		41(402)	
	18	65(637)		58(569)		52(510)	
	20	80(785)		72(706)		64(628)	
	22	97(951)		87(853)		78(765)	
	25	125(1226)		112(1098)		100(981)	
	27	146(1432)		131(1285)		117(1147)	
	30	180(1765)		161(1579)		144(1412)	
绿色 TH	20	120(1177)	24%	108(1059)	21%	96(941)	19%
	22	145(1422)		130(1275)		116(1138)	
	25	187(1834)		169(1657)		150(1471)	
	27	219(2150)		197(1932)		175(1716)	
	30	270(2550)		243(2380)		216(2120)	
茶色 TB	20	160(1569)	20%	144(1412)	18%	128(1255)	16%
	22	145(1422)		130(1275)		116(1138)	
	25	245(2400)		221(2170)		196(1922)	
	27	290(2840)		261(2560)		232(2280)	
	30	360(3530)		324(3180)		288(2820)	

附录表-12　常用圆形优力胶规格　　　　单位:mm

UA 无孔	外径	10	15	20	25	30	35	40	45	50	60	70	80	90	100
	长度	300	300	300 / 500	300 / 500	300 / 500	300 / 500	300 / 500	300 / 500	300 / 500	300 / 500	300 / 500	300 / 500	300 / 500	300 / 500
UB 有孔	外径		15	20	25	30	35	40	45	50	60	70	80	90	100
	内径		6.5	8 / 8.5 / 12	8 / 11 / 12	8 / 12 / 13	8 / 12 / 13	8 / 12 / 15	8 / 12 / 15	8 / 12 / 16	18	18	20	25	30
	长度			300	300	300	300	300	300	300	300	300	300	300	300

注:市场上还有矩形截面的优力胶棒,可根据需要加工成需要的轮廓形状。

附录表-13　A型凸模　　　　　　　　　　　　　　　　单位:mm

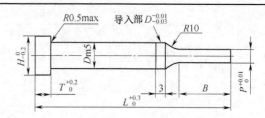

标记示例：冲头类型 [D]—[P]×[L]

A D 6-4.0×50

H	T	D	P	B	L						
					40	50	60	70	80	90	100
5		3	1.0~1.5	6							
			1.6~1.9	8	*	*	*	*	*		
			2.0~2.9	10							
6		4	1.0~1.5	6							
			1.6~1.9	8	*	*	*	*	*		
			2.0~2.9	10							
	5		3.0~3.9	12							
7		5	2.0~2.9	10							
			3.0~3.9	12	*	*	*	*	*		
			4.0~4.9	13							
8		6	2.0~2.9	10							
			3.0~3.9	12							
			4.0~4.9	13	*	*	*	*	*		
			5.0~5.9	15							
10		8	3.0~3.9	12							
			4.0~4.9	13	*	*	*	*	*		*
			5.0~7.9	15							
13		10	4.0~4.9	12							
			5.0~5.9	13	*	*	*	*	*	*	*
			6.0~9.9	15							
16		13	8.0~12.9	15							
19		16	10.0~15.9	15							
22		19	13.0~18.9	15	*	*	*	*	*	*	*
24		21	15.0~20.9	15							
28		25	19,0~24.9	15							

注：1. 材质 SKD-11;硬度 60~62HRC
　　2. 表文"＊"号表示该长度为标准长度系列。可直接选购,不需特别订购。

附录表-14　B型凸模　　　　　　　　　　　　　　单位:mm

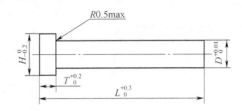

标记示例: 冲头类型 D × L

HD 5.0×60

H	T	D	L						
			40	50	60	70	80	90	100
1.6		1	*	*	*	*	*		
2		1.5							
4		2	*	*	*	*	*		
4.5		2.5	*	*	*	*	*		
5		3	*	*	*	*	*		
5.5		3.5							
6		4	*	*	*	*	*	*	*
6.5		4.5							
7		5	*	*	*	*	*	*	*
7.5		5.5							
8		6	*	*	*	*	*	*	*
8.5		6.5							
10	5	7	*	*	*	*	*	*	*
11		8	*	*	*	*	*	*	*
12		9							
13		10	*	*	*	*	*	*	**
14		11							
15		12	*	*	*	*	*	*	*
16		13							
17		14	*	*	*	*	*	*	*
18		15							
19		16		*	*	*	*	*	*
21		18							
23		20	*	*	*	*	*	*	*
28		25							

注:材质 SKD-11;硬度 60~62HRC。

附录表-15　矩形模板　　　　　　　　　　　　　　　单位:mm

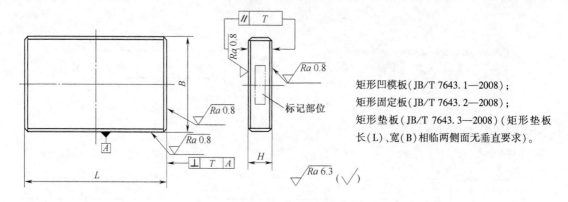

矩形凹模板(JB/T 7643.1—2008);
矩形固定板(JB/T 7643.2—2008);
矩形垫板(JB/T 7643.3—2008)(矩形垫板长(L)、宽(B)相临两侧面无垂直要求)。

材料,凹模板:T10A、Cr12、Cr6WV、9Mn2V、Cr12MoV、9CrSi、CrWMn;固定板:45、Q235-A·F;垫板:45、T8A。
技术条件:按 JB/T 7653—2008 的规定。
标记示例:
(1)长度 L=125 mm、宽度 B=100 mm、厚度 H=20 mm、材料为 T10A 的矩形凹模板:
凹模板 125 mm×100 mm×20 mm T10A JB/T 7643.1。
(2)长度 L=125 mm、宽度 B=100 mm、厚度 H=20 mm、材料为 45 钢的矩形固定板(或矩形垫板):
固定板(或垫板)　125 mm×100 mm×20 mm 45 钢　JB/T 7643.2(或 JB/T 7643.3)。

L	B	H(选用尺寸)			L	B	H(选用尺寸)		
		凹模板	固定板	垫板			凹模板	固定板	垫板
63	50	10~20	10~28		160	160	16~32	16~45	8,10
63	63	12~22 *	12~32	6	200				
80					250		18~36	20~45	8,1012
100					500		20~28	20~40	10,12,16
80	80		10~36		200	200	18~36	16~36	8,10
100					250			20~45	
125			12~32		315		20~40	20~32	
250		16~22	16~32	8,10	630		22~32	24~40	10,12,16
315					250	250	20~40	16~36	10,12
100	100	12~22	12~40	6	315		22~45	16~45	
125		14~25			400		20~36	20~40	10,12,16
160		16~28	16~40	6,8	315	315	22~40	20~40	
200		16~32			400			24~36	
315		18~25		8,10,12	500		25~45	24~45	
400			20~40		630		28~45	28~45	—
125	125	14~25	14~25		400	400	22~40	24~40	
160		14~28	16~40	6,8	500		25~45	28~40	
200			16~45		630		28~45	32~45	
250		16~32							
355		16~25	16~40	8,10,12					

附录表-16　圆形模板　　　　　　　　　　单位:mm

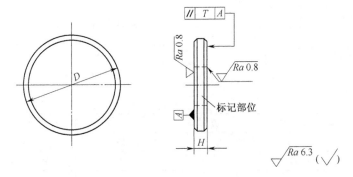

标记部位

圆形凹模板(JB/T 7643.4—2008);

圆形固定板(JB/T 7643.5—2008);

圆形垫板(JB/T 7643.6—2008)。

材料,凹模板:T10A、Cr12、Cr6WV、9Mn2V、Cr12MoV、9CrSi、CrWMn;

　　　　固定板:45、Q235-A·F;

　　　　垫板:45、T8A。

技术条件:按 JB/T7653-2008 的规定。

标记示例:

(1)直径 D = 100 mm、厚度 H = 20 mm、材料为 T10A 的圆形凹模板:

　　凹模板 100×20 T10A JB/T 7643.4。

(2)直径 D = 100 mm、厚度 H = 20 mm、材料为 45 钢的圆形固定板。

　　固定板 100×20 45 钢 JB/T 7643.5。

(3)直径 D = 100 mm、厚度 H = 6 mm、材料为 45 钢的圆形垫板:

　　垫板 100×6 45 钢 JB/T 7643.6。

D	H(选用尺寸)		
	凹模板	固定板	垫板
63	10~20	10~25	
80	12~22	10~36	6
100		12~40	
125	14~25		6,8
160	16~32	16~45	8,10
200	18~26		
250	20~40	16~36	10,12
315	20~45		—

注:H 系列数值:

　　凹模板 10,12,14,16,18,20,22,25,28,32,36,40,45;

　　固定板 10,12,16,20,25,32,36,40,45

附录表-17　导料板（JB/T 7648.5—2008）mm　　　　　　　　　单位：mm

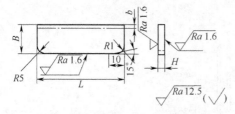

材料：45 钢，调质 28~32HRC；

标记示例：

长度 $L=100$ mm，宽度 $B=32$ mm，厚度 $H=8$ mm 的导料板：

导料板 100×32×8 JB/T7648.5。

B	L（选用尺寸）	H	B	L（选用尺寸）	H
16	50,63,71	4,6	40	315,400	8,10,12
20	50~160		45	100~400	
25	80~315	6,8	50	125~400	
32,36	80~160		56	200~400	10,12,15
	200	6,8,10		200,250	
	250,315	8,10	63	315	12,16
40	100~200	6,8,10		400	10,12,16
	250	8,10	71	250,400	12,16,18

注：1. L 系列数值：50,63,71,80,100,125,160,200,250,215,400；

　　2. b 是设计修正量。

附录表-18　承料板　　　　　　　　　单位：mm

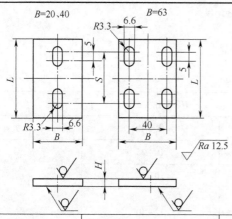

材料：Q235—A·F 钢；

技术条件：按 JB/T 7653—2008 的规定；

标记示例：

长度 $L=100$ mm，宽度 $B=40$ mm 的承料板：

承料板 100×40 JB/T 7648.6。

L	B	H	S
50,63,80	20	2	L-15
100,125			
100,125	40		
160		3	140
200,250			L-25
160			140
200			175
250	63	4	225
315			285

附录表-19　固定挡料销（JB/T 7649.10—2008）　　　单位:mm

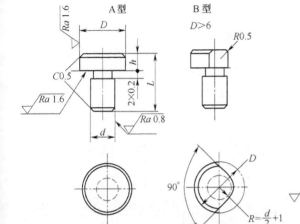

标记示例:

直径 $D=15$ mm, $d=8$ mm, 高度 $h=3$ mm 的 A 型固定挡料销: 挡料销 A15 × 8 × 3　JB/T 7649.10—2008

D(h11)		d(m6)		h	L
基本尺寸	极限偏差	基本尺寸	极限偏差		
4	0 −0.075	3	+0.008 +0.002	2	8
6		4	+0.012 +0.004		10
8	0 −0.090			3	
10		6		2	
12				3	14
				5	
15	0 −0.110	8	+0.015 +0.006	3	18
				6	
		10		3	
18		12	+0.018 +0.007	6	
20	0 −0.130	10	+0.015 +0.006	8	20
		14	+0.018 +0.007		
25		12			22
		18			

注:1. 材料:45 钢,热处理:硬度 43~48HRC。

　　2. 技术条件:按 JB/T 7653—2008 的规定。

附录表-20 弹簧弹顶挡料装置(JB/T 7649.10—2008)　　　　单位:mm

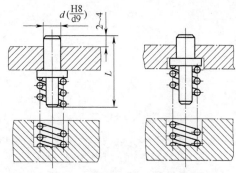

标记示例:

直径 $d=6$ mm,长度 $L=22$ mm 的弹簧弹顶挡料装置:挡料装置 6×22　JB/T 7649.10—2008

基本尺寸		零件件号、名称及标准号		基本尺寸		零件件号、名称及标准号	
		1	2			1	2
		弹簧弹顶挡料销	弹簧			弹簧弹顶挡料销	弹簧
		JB/T 7649.5—2008	GB/T 2089—2009			JB/T 7649.10—2008	JB/T 7408—2005
		数量				数量	
		1	1			1	1
		规格				规格	
d	L			d	L		
4	22	4×18	0.5×6×20	10	30	10×30	1.6×12×30
	24	4×20			32	10×32	
6	22	6×20	0.8×8×20	12	34	12×34	1.6×15×40
	24	6×22			36	12×36	
	26	6×24	0.8×8×30		40	12×40	
	28	6×26		16	36	16×36	2×20×40
8	24	8×24	1×10×30		40	16×40	
	26	8×26			50	16×50	
	28	8×28		20	50	20×50	2×20×50
	30	8×30			55	20×55	
10	26	10×26	1.6×12×30		60	20×60	
	28	10×28					

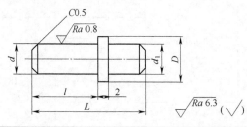

弹簧弹顶挡料销:规格 $d×L$

d(d9)		D	d_1	l	L
基本尺寸	极限偏差				
4	-0.030	6	3、5	10、12	18、20
6	-0.060	8	5、5	10、12、14、16	20、22、24、26
8	-0.040	10	7	12、14、16、18	24、26、28、30
10	-0.076	12	8	14、16、18、20	26、28、30、32
12	-0.050	14	10	22、24、28	34、36、40
16	-0.093	18	14	24、28、35	36、40、50
20	-0.065 / -0.117	23	15	35、40、45	50、55、60

附录表-21　带肩推杆（JB/T 7650.1—2008）　　　单位:mm

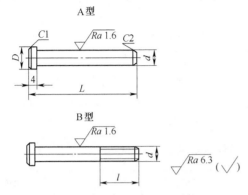

材料:45 钢,热处理硬度 43~48 HRC。
技术条件:按 JB/T 7653—2008 的规定。
标记示例:
直径 $d=8$ mm,长度 $L=90$ mm,的带肩推杆。
推杆:A8×90 JB/T 7650.1。

d		L	D	l	d		L	D	l
A	B				A	B			
6	M6	40~60(增量5),70	8	—	16	M16	80,90,100,110	20	—
		80~130(增量10)		20			120~160(增量10) 180,200,220		40
8	M8	50~70(增量5),80	10	—	20	M20	90,100,110,120	24	—
		90~150(增量10)		25			130,140,150 180~260(增量20)		45
10	M10	60~80(增量5),90	13	—					
		100~170(增量10)		30					
12	M12	70~90(增量5),100	15	—	25	M25	100,110,120,130	30	—
		100~190(增量10)		35			140,150 180~280(增量20)		50

附录表-22　内六角圆柱螺钉螺钉（GB/T 70.1—2008）　　　单位:mm

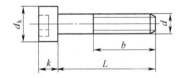

标记示例:
螺纹规格 $d=$ M5,公称长度 $L=20$ mm,性能等级8.8级,表面氧化的 A 级内六角圆柱螺钉:
GB/T 70.1 M5×20。

螺纹规格 d	M4	M5	M6	M8	M10	M12
b(参考)	20	22	24	28	32	36
d_k(max)	7	8.5	10	13	16	18
k(max)	4	5	6	8	10	12
s	3	4	5	6	8	10
e	3.44	4.58	5.72	7.78	9.15	11.43
商品规格长度 L	6~40	8~50	10~60	12~80	16~100	20~120

注:1. $d=$M4~M12 范围内,商品规格长度 L 尺寸系列:6,8,10,12,20~70(增量为5),80~120(增量为10);
2. 材料:35 钢,热处理硬度 28~38 HRC

附录表-23　沉头螺钉(GB/T68—2000)　　　　　　　单位:mm

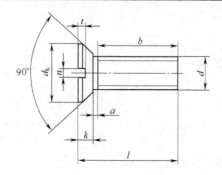

螺纹规格	M4	M5	M6	M8	M10
P 螺距	0.7	0.8	1	1.25	1.5
a_{max}	1.4	1.6	2	2.5	3
b_{min}	38	38	38	38	38
d_k	8.40	9.30	11.30	15.80	18.30
k	2.7	2.7	3.3	4.65	5
n	1.51	1.51	1.91	2.31	2.81
t	1.3	1.4	1.6	2.3	2.6
l	6~40	8~50	8~60	10~80	12~80

附录表-24　圆柱头卸料螺钉(JB/T 7650.5—2008)　　　　　单位:mm

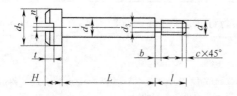

材料:45 钢,热处理硬度 35~40 HRC。
技术条件:按 JB/T 7653.3—2008 的规定。
标记示例:
直径 d=M10,长度 L=50 mm 的圆柱头卸料螺钉;
圆柱头卸料螺钉:M10×50 JB/T 7650.5。

d	d_1	l	d_2	H	t	n	d_3	c	b	L(选用尺寸)
M3	4	5	7	3	1.4	1	2.2	0.6	1	20~35
M4	5	5.5	8.5	3.5	1.7	1.2	3	0.8	1.5	20~40
M5	6	6	10	4	2	1.5	4	1	1.5	25~50
M6	8	7	12.5	5	2.5	2	4.5	1.2	2	25~70
M8	10	8	15	6	3	2.5	6.2	1.5	2	30~80
M10	12	10	18	7	3.5	3	7.8	2	2	35~80
M12	16	14	24	9	3.5	3	9.5	2	3	40~100

注:L 系列数值:20,22,25,28,30,32,35,38,40,42,45,48,50,55,60,65,70,75,80,90,100。

附录表-25　圆柱头内六角卸料螺钉(JB/T 7650.6—2008)　　　　单位:mm

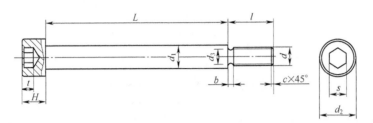

材料:45 钢,热处理硬度 35~40 HRC。

技术条件:按 GB/T 3098.3—2016 的规定。

标记示例:

直径 d=M10,长度 L=50 mm 的圆柱头内六角卸料螺钉;

圆柱头内六角卸料螺钉:M10×50 JB/T 7650.5。

d	d_1	l	d_2	H	t	s	d_3	c	b	L(选用尺寸)
M6	8	7	12.5	8	4	5	4.5	1	2	20~35
M8	10	8	15	10	5	6	6.2	1.2	2	20~40
M10	12	10	18	12	6	8	7.8	1.5	3	25~50
M12	16	14	24	16	8	10	9.5	1.8	4	25~70
M16	20	20	30	20	10	14	13	2	4	30~80
M20	24	26	36	24	12	17	16.5	2.5	4	35~80

注:L 系列数值:35,40,42,45,…,70(增量值为 5),80,90,…,160(增量值为 5),180,200。

附录表-26　销钉规格(GB/T 119.2—2000)　　　　单位:mm

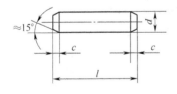

标记示例:

公称直径 d=6 mm,公差 m6,公称长度 L=30 mm,材料为 A1 组奥氏体不锈钢,表面简单处理)的圆柱销:

销 GB/T 119.1 6m6×30-A1。

d(m6/h8,m6)	2	2.5	3	4	5	6	8	10	12
$C\approx$	0.35	0.4	0.5	0.63	0.8	1.2	1.6	2	2.5
商品规格 l	6~20	6~24	8~30	8~40	10~50	12~60	14~80	18~95	22~140

注:d=2~12 范围内,商品规格 l 尺寸系列为:5,6~32(增量为 2),35~100(增量为 5),120,140。

附录表-27　后侧导柱模座　　　　　　　　　　　　　　　单位：mm

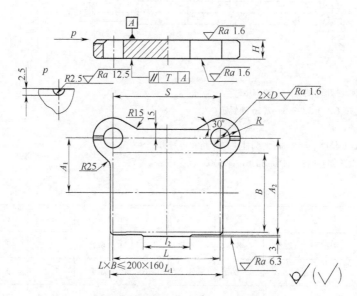

后侧导柱上模座（GB/T 2855.1—2008）

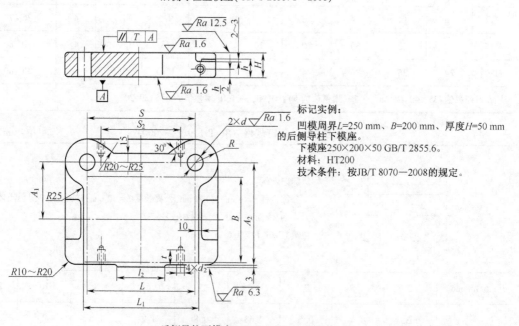

后侧导柱下模座（GB/T 2855.2—2008）

标记实例：

凹模周界L=250 mm、B=200 mm、厚度H=50 mm 的后侧导柱下模座。

下模座250×200×50 GB/T 2855.6。

材料：HT200

技术条件：按JB/T 8070—2008的规定。

续表

凹模周界 L	凹模周界 B	H 上模座	H 下模座	h 上模座	h 下模座	L_1	S	A_1	A_2	R	l_2	上模座 D(H7) 基本尺寸	上模座 D(H7) 极限偏差	下模座 d(R7) 基本尺寸	下模座 d(R7) 极限偏差	起重孔 d_2	起重孔 t	起重孔 S_2
63	50	20,25	25,30	—		70	70	45	75	25	40	25	+0.021 0	16	-0.016 -0.034	—	—	—
63						70	70											
80	63	25,30	30,40		20	90	94	50	85	28		28		18				
100						110	116											
80	80					90	94	65	110	32	60	32	+0.025 0	20	-0.020 -0.041			
100						110	116											
125					25	130	130											
100	100	30,35	35,40		25	110	116	75	130	35	60	35		22				
125						130	130											
160		35,40	40,50		30	170	170			38	80	38		25				
200						210	210											
125	125	30,35	35,45		25	130	130	85	150	35	60	35		22				
160		35,40	40,50		30	170	170			38	80	38		25				
200						210	210											
250					35	260	250				100							
160	160	40,45	45,55		35	170	170	110	195	42	80	42		28	-0.025 -0.050			
200						210	210											
250						260	250				100					M14-6H	28	150
200	200	45,50	50,60	30	40	210	210	130	235	45	80	45		32				120
250						260	250											150
315			55,65			325	305			50	100							200
250	250	50,55	60,70	35	45	260	250	160	290	50	100	50		35		M16-6H	32	140
315						325	305			55		55	+0.030 0	40				200
400						410	390											280

注:1. 压板台的形状和平面尺寸由制造厂决定。

   2. 安装 B 型导柱时,下模座 d(R7) 改为 d(H7)。

附录表-28（1）　中间导柱圆形模架　　　　　　　　　　单位：mm

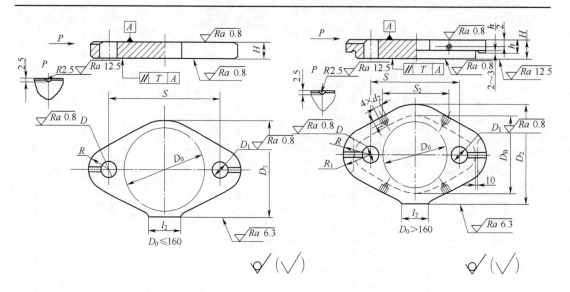

标记示例：

凹模周界：$D_0 = 200$ mm，厚度 $H = 45$ mm 的中间导柱圆形上模座。

上模座：160×45　GB/T 2855.1—2008。

材料：HT200

技术条件：按 JB/T 8070—2008 的规定。

凹模周界 D_0	H	h	D_α	D_2	S	R	R_1	l^2	D(H7) 基本尺寸	D(H7) 极限偏差	D_1(H7) 基本尺寸	D_1(H7) 极限偏差	起重孔尺寸 d_2	起重孔尺寸 t	起重孔尺寸 S_2
63	20 / 25		70		100	28		50	25	+0.021 / 0	28	+0.021 / 0			
80	25 / 30		70		125			60	32		35				
100	25 / 30	—	90	—	145	35		60	32		35		—		
125	30 / 35		110		170	38		80	35		38	+0.025 / 0			
160	40 / 45		130		215	45		80	42	+0.025 / 0	45				
200	45 / 50	30	110	280	260	50	85		45		50		M14-6H	28	180
250	45 / 50		130	340	315	55	95	100	50		55		M16-6H	32	220
315	50 / 55	35	110	425	390	65	115		60	+0.030 / 0	65	+0.030 / 0	M20-6H	40	280

凹模周界 D_0	H	h	D_α	D_2	S	R	R_1	l^2	$D(H7)$ 基本尺寸	$D(H7)$ 极限偏差	$D_1(H7)$ 基本尺寸	$D_1(H7)$ 极限偏差	d_2	t	S_2
400	55	35	410	510	475	65	115		60		65				380
	60														
500	55	40	510	620	580	70	125	100	65	+0.030 0	70	+0.030 0	M20-6H	40	480
	65														
630	60		640	758	720	76	135		70		76				600
	75														

注:压板台的形状和平面尺寸由制造厂决定。

附录表-28(2)　中间导柱圆形模架(续)　　　　单位:mm

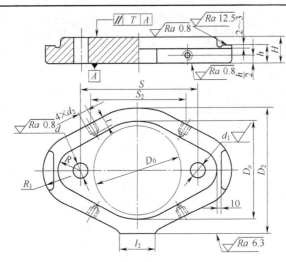

标记示例:

凹模周界:$D_0 = 200$ mm,厚度 $H = 60$ mm 的中间导柱圆形下模座。

下模座:200×60　GB/T 2855.2—2008。

材料:HT200

技术条件:按 JB/T 6070—2008 的规定。

凹模周界 D_0	H	h	D_α	D_2	S	R	R_1	l_2	$d(H7)$ 基本尺寸	$d(H7)$ 极限偏差	$d_1(H7)$ 基本尺寸	$d_1(H7)$ 极限偏差	d_2	t	S_2
63	25	20	70	102	100	28	44	50	16	-0.016 -0.034	18	-0.016 -0.034			
	30														
80	30	20	90	136	125	35	58	60	20	-0.020 -0.041	22	+0.020 -0.041	—	—	—
	40														
100	30		110	160	145	35	60		20		22				
	40														
125	35	25	130	190	170	38	68	80	22		25				
	40														

凹模周界 D_0	H	h	D_α	D_2	S	R	R_1	l_2	d(H7) 基本尺寸	d(H7) 极限偏差	d_1(H7) 基本尺寸	d_1(H7) 极限偏差	起重孔尺寸 d_2	t	S_2
160	45	35	170	240	215	45	80	80	28	+0.020 −0.041	32		—	—	—
	55														
200	50	40	210	280	260	50	85		32		32				180
	60														
250	55		260	340	315	55	95		35		40	−0.025 −0.050	M14−6H	28	220
	65														
315	60		325	425	390	65		115	45	−0.025 −0.050	50		M16−6H	32	280
	70														
400	65	45	410	510	475	65		100							380
	75														
500	65		510	620	580	70	125		50		55		M20−6H	40	480
	80														
630	70		640	758	720	76	135		55	−0.030 −0.060	76	−0.030 −0.060			600
	90														

注:压板台的形状和平面尺寸由制造厂决定。

附录

附录表-29 中间导柱模座

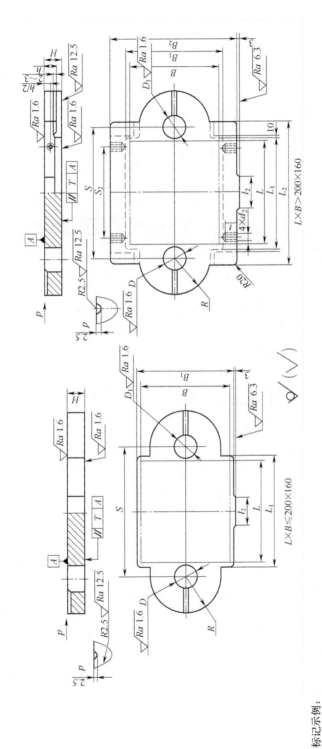

标记示例:

凹模周界: $D_0=200$ mm,厚度 $H=45$ mm 的中间导柱上模座:

上模座:160×45 GB/T 2855.1—2008。

材料:HT200。

技术条件:按 JB/T 8070—2008 规定。

续表

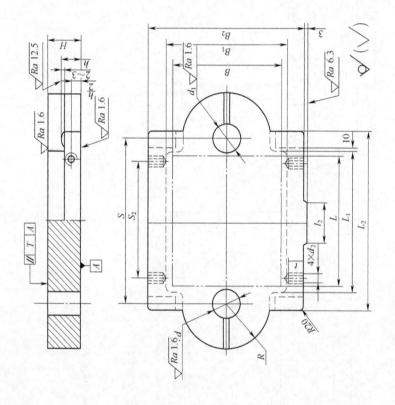

标记示例：

凹模周界　L＝250 mm，B＝200 mm，厚度 H＝60 mm 的中间导柱下模座：

下模座：250×200×60　GB/T 2855. 2—2008。

材料：HT200。

技术条件：按 JB/T 8070—2008 的规定。

续表

凹模周界 L	凹模周界 B	H 上模座	H 下模座	h 上模座	h 上模座	L₁	B₁	L₂ 上模座	L₂ 下模座	B₂ 上模座	B₂ 上模座	S	R	l₂	上模座 D(H7) 基本尺寸	上模座 D(H7) 极限偏差	上模座 D₁(H7) 基本尺寸	上模座 D₁(H7) 极限偏差	下模座 d(R7) 基本尺寸	下模座 d(R7) 极限偏差	下模座 d₁(R7) 基本尺寸	下模座 d₁(R7) 极限偏差	起重孔尺寸 d₂	起重孔尺寸 t	起重孔尺寸 S₂
63	50	20,25	25,30	20		70	60	—	125	100	—	100	28	40	25	+0.021 0	28	+0.021	16	−0.016 −0.034	18	−0.016 −0.034			
63	50	20,25	25,30	20		70	60	—	130	110	—	100	28	40	25	+0.021 0	28	+0.021	16	−0.016 −0.034	18	−0.016 −0.034			
80	63	25,30	30,40	20		90	70	—	150	120	—	120	32	60	28	+0.021 0	32	+0.021	18	−0.016 −0.034	20	−0.016 −0.034			
100	63	25,30	30,40	20		110	70	—	170	120	—	140	32	60	28	+0.021 0	32	+0.021	18	−0.016 −0.034	20	−0.016 −0.034			
80	80	25,30	30,40	20		90	90	—	150	140	—	125	35	60	32	+0.021 0	35	+0.021	20	−0.016 −0.034	22	−0.016 −0.034			
100	80	25,30	30,40	20		110	90	—	170	140	—	145	35	60	32	+0.021 0	35	+0.021	20	−0.016 −0.034	22	−0.016 −0.034			
125	80	25,30	30,40	20		130	90	—	200	140	—	170	35	60	32	+0.021 0	35	+0.021	20	−0.016 −0.034	22	−0.016 −0.034			
100	100	30,35	35,45	25		110	110	—	180	160	—	145	38	80	35	+0.021 0	38	+0.021	22	−0.016 −0.034	25	−0.016 −0.034			
125	100	35,40	40,50	30		130	110	—	200	160	—	170	42	80	38	+0.025 0	42	+0.0250	25	−0.020 −0.044	28	−0.020 −0.041			
160	100	35,40	40,50	30		170	110	—	240	160	—	210	42	80	38	+0.025 0	42	+0.0250	25	−0.020 −0.044	28	−0.020 −0.041			
200	100	35,40	40,50	30		210	110	—	280	160	—	250	42	80	38	+0.025 0	42	+0.0250	25	−0.020 −0.044	28	−0.020 −0.041			
125	125	30,35	35,45	25		130	130	—	200	190	—	170	38	60	35	+0.025 0	38	+0.0250	22	−0.020 −0.044	25	−0.020 −0.041			
160	125	35,40	40,50	30		170	130	—	250	190	—	210	42	80	38	+0.025 0	42	+0.0250	25	−0.020 −0.044	28	−0.020 −0.041			
200	125	40,45	40,55	35		210	130	—	290	190	—	250	45	100	42	+0.025 0	45	+0.0250	28	−0.020 −0.044	32	−0.025			
250	125	40,45	45,55	35		260	130	—	340	190	—	305	45	100	42	+0.025 0	45	+0.0250	28	−0.020 −0.044	32	−0.025			

续表

凹模周界 L	凹模周界 B	H 上模座	H 下模座	h 上模座	h 上模座	L₁	B₁	L₂ (下/上模座)	B₂ (上模座)	S	R	l_2	D(H7) 基本尺寸	D(H7) 极限偏差	D1(H7) 基本尺寸	D1(H7) 极限偏差	d(R7) 基本尺寸	d(R7) 极限偏差	d_1(R7) 基本尺寸	d_1(R7) 极限偏差	起重孔 d_2	t	S_2
160	160	40,45	45,55	—	—	170	170	270	230	215	45	80	42	+0.025 0	45	+0.025 0	32	−0.020 −0.044	35	—	—	—	—
200	160	45,50	45,55	35	—	210	170	310	230	255	45	80	42	+0.025 0	45	+0.025 0	32	−0.020 −0.044	35	—	—	—	210
250	200	65,60	50,60	40	30	260	210	360	230	310	50	100	45	+0.025 0	50	+0.025 0	32	−0.020 −0.044	35	—	M14 6H	28	170
200	200	45,50	50,60	40	30	210	210	320	270	260	50	80	45	+0.025 0	50	+0.025 0	35	−0.025 −0.050	40	—	M14 6H	28	210
250	200	45,50	50,60	40	30	260	210	370	270	310	50	100	45	+0.025 0	50	+0.025 0	35	−0.025 −0.050	40	—	M14 6H	28	260
315	250	50,55	55,65	45	35	325	260	435	330	380	55	80	50	+0.030 0	55	+0.030 0	35	−0.025 −0.050	40	—	M16 6H	32	210
250	250	50,55	55,65	45	35	360	260	380	330	315	55	100	50	+0.030 0	55	+0.030 0	35	−0.025 −0.050	40	—	M16 6H	32	260
315	250	50,55	60,70	45	35	325	260	445	330	385	60	100	55	+0.030 0	60	+0.030 0	40	−0.025 −0.050	45	—	M16 6H	32	260
400	250	50,55	60,70	45	35	410	260	540	330	470	60	100	55	+0.030 0	60	+0.030 0	40	−0.025 −0.050	45	—	M16 6H	32	340

附录表-30（1）　对角导柱模架　　　　　　　　　　　　　　　单位：mm

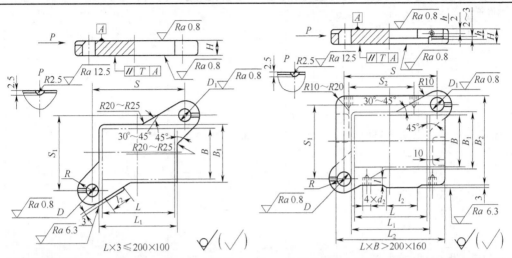

$L \times 3 \leqslant 200 \times 100$　　　　$L \times B > 200 \times 160$

标记示例：凹模周界 $L = 200$ mm，$B = 160$ mm，厚度 $H = 45$ mm 的对角导柱上模座。上模座 $200 \times 160 \times 45$　GB/T 2855.1—2008

材料：HT200

凹模周界		H	h	L_1	B_1	L_2	B_2	S	S_1	R	l_2	D(H7)		D_1(H7)		起重孔尺寸		
L	B											基本尺寸	极限偏差	基本尺寸	极限偏差	d_2	t	S_2
63	50	20	—	70	60	—	—	100	85	28	40	25	+0.021 0	28	+0.021 0	—	—	—
		25																
63	63	20		70					95									
		25																
80	63	25		90	70			120	105	32		23		32				
		30																
100	63	25		110				140										
		30																
80	80	25		130				125	125									
		30																
100	80	25		110	90			145		35	60	32		35	+0.025 0			
		30																
125	80	25		130				170										
		30																
100	100	25		110				145	145				+0.025 0					
		30																
125	100	30		130	110			170		38		35		38				
		35																
160	100	35		170				210	150	42	80	38		42				
		40																
200	100	35		210				250										
		40																

续表

凹模周界 L	凹模周界 B	H	h	L_1	B_1	L_2	B_2	S	S_1	R	l_2	D(H7) 基本尺寸	D(H7) 极限偏差	D_1(H7) 基本尺寸	D_1(H7) 极限偏差	起重孔尺寸 d_2	t	S_2
125	125	30/35	—	130				170		38	60	35		38				
160	125	35/40	—	170	130			210	175	42	80	38		42				
200	125	35/40	—	210	130			250		42	80	38		42				
250	125	40/45	—	260				305	180		100	42		45	+0.025 0			
160	160	40/45	—	170	170			215		45	80	42		45				
200	160	40/45	—	210	170			255	215	45	80	42	+0.025 0	45				
250	160	45/50	—	260		360	230	310	220		100	42		45				210
200	200	45/50	30	210	210	320		260	260	50	80	45		50		M14-6H	28	180
250	200	45/50	30	260	210	370	270	310		50	80	45		50		M14-6H	28	220
315	200	45/50	30	325	210	435		380	265	55	80	50		55		M14-6H	28	280
250	250	45/50	35	260	260	380		315	315	55	80	50		55		M14-6H	28	210
315	250	50/55	35	325	260	445	330	385		60	80	55		60		M16-6H	32	290
400	250	50/55	35	410	260	540		470	320	60	80	55		60		M16-6H	32	350
315	315	50/55	35	325	325	460		390		65	100	60		65	+0.030 0	M16-6H	32	280
400	315	55/60	40	410	325	550	400	475	390	65	100	60	+0.030 0	65		M20-6H	40	340
500	315	55/60	40	510	325	655		575		65	100	60		65		M20-6H	40	460
400	400	55/60	40	410	410	560	490	475	475	70	100	65		70		M20-6H	40	370
630	400	55/65	40	640	410	780		710	480	70	100	65		70		M20-6H	40	580
500	500	55/65	40	510	510	650	590	580	580	70	100	65		70		M20-6H	40	460

附录表-30（2） 对角导柱模架（续） 单位:mm

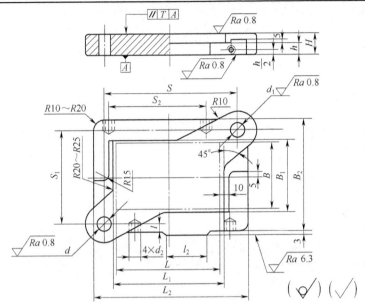

标记示例:

凹模周界 $L=250$ mm, $B=200$ mm, 厚度 $H=60$ mm 的对角导柱下模座。

下模座 250×200×60 GB/T 2855.2—2008 材料 HT200

凹模周界		H	h	L_1	B_1	L_2	B_2	S	S_1	R	l_2	d(H7)		d_1(H7)		起重孔尺寸		
L	B											基本尺寸	极限偏差	基本尺寸	极限偏差	d_2	t	S_2
63	50	25 / 30	20	70	60	125	100	100	85	28	40	16		18	−0.016 / −0.034	—	—	—
63		25 / 30	20	70	60	130	110	100	95	28	40	16	−0.016 / −0.034	18		—	—	—
80	63	30 / 40	20	90	70	150	120	120	105	32		18		20		—	—	—
100		30 / 40	20	110	70	170	140	120	105	32		18		20		—	—	—
80	80	30 / 40	20	130	90	150	125	145	125	35	60	20		22	−0.020 / −0.041	—	—	—
100	80	30 / 40	20	110	90	170	140	145	125	35	60	20		22		—	—	—
125		30 / 40	20	130	90	200	170	145	125	35	60	20	−0.020 / −0.041	22		—	—	—
100	100	30 / 40	25	110	110	180	145	160	145	35		20		22		—	—	—
125		35 / 45	25	130	110	200	170	160	145	38		22		25		—	—	—
160	100	40 / 50	30	170	110	240	210	160	150	42	80	25		28		—	—	—
200		45 / 50	30	210	110	280	250	160	150	42	80	25		28		—	—	—

续表

凹模周界 L	B	H	h	L_1	B_1	L_2	B_2	S	S_1	R	l_2	d(H7) 基本尺寸	极限偏差	d_1(H7) 基本尺寸	极限偏差	起重孔 d_2	t	S_2
125	125	35/45	25	130	130	200	190	170	—	38	60	22	−0.020/−0.041	25	−0.020/−0.041	—	—	—
160	125	40/50	30	170	130	250	190	210	175	42	80	25		28		—	—	—
200	125	40/50	30	210	130	290	190	250	175	42	80	25		28		—	—	—
250	125	45/55	35	260	130	340	190	305	180	45	100	28		32		—	—	—
160	160	45/55	35	170	170	270	230	215	215	45	80	28		32		—	—	—
200	160	45/50	35	210	170	310	230	255	215	45	80	28		32		—	—	—
250	160	50/60	40	260	210	360	270	310	220	50	100	32	−0.025/−0.050	35	−0.025/−0.050	M14-6H	28	210
200	200	50/60	40	210	210	320	270	260	260	50	80	32		35		M14-6H	28	180
250	200	50/60	40	260	210	370	270	310	260	50	80	32		35		M14-6H	28	220
315	200	55/65	40	325	210	435	270	380	265	55	100	35		40		M14-6H	28	280
250	250	55/65	40	260	260	380	330	315	315	55	100	35		40		M16-6H	32	210
315	250	60/70	40	325	260	445	330	385	320	60	100	40		45		M16-6H	32	290
400	250	60/70	40	410	260	540	330	470	320	60	100	40		45		M16-6H	32	350
315	315	60/70	45	325	325	460	400	390	390	65	100	40		45		M20-6H	40	280
400	315	65/75	45	410	325	550	400	475	390	65	100	45	−0.030/−0.060	50	−0.030/−0.060	M20-6H	40	340
500	315	65/75	45	510	325	655	400	575	390	65	100	45		50		M20-6H	40	460
400	400	65/75	45	410	410	560	490	475	475	65	100	45		50		M20-6H	40	370
630	400	65/80	45	640	410	780	490	710	480	70	100	50		55		M20-6H	40	580
500	500	65/80	45	510	510	650	590	580	580	70	100	50		55		M20-6H	40	460

注：1. 上模座与下模座压板台的形状与尺寸由制造厂决定。

2. 下模座安装 B 型导套时，d(R7)、d_1(R7) 改为 d(H7)、d_1(H7)。

附录表-31　导柱　　　　　　　　　　　　　　　　　单位：mm

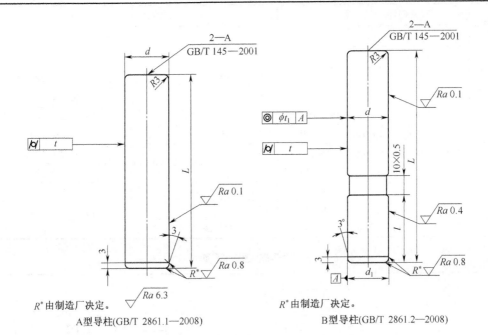

R^* 由制造厂决定。　　　　　　　　　　　　　　　R^* 由制造厂决定。

A型导柱(GB/T 2861.1—2008)　　　　　　　　B型导柱(GB/T 2861.2—2008)

基本尺寸 (d、d_{1B})	极限偏差			L	l_B	基本尺寸 (d、d_{1B})	极限偏差			L	l_B
	d		d_{1B}				d		d_{1B}		
	h5	h6	r6				h5	h6	r5		
16	0 −0.008	0 −0.011	+0.034 +0.023	90,100	25	35	0 −0.011	0 −0.016	+0.050 +0.034	160,190	50
				100,110	30					180,190,210	55
18				90,100	25					190,210	60
				100,110,120	30					200,230	65
20	0 −0.009	0 −0.013	+0.041 +0.028	110,130	40	40				180,210	55
				100,120	30					190,200,210,230	60
				120	35					200,230	65
22				110,130	40					230,260	70
				100,120	30	45				200,230	60
				110,120,130	35					200,230,260	65
				110,130	40					230,260	70
				130,150	45					260,290	75
25	0 −0.011	0 −0.016	+0.050 +0.034	130,150	35	50				200,230	60
				110,130	40					220~270(增量10)	65
				130,150	45					230,260	70
				150,160,180	50					260,290	75

基本尺寸 (d、d_1B)	极限偏差 d h5	h6	d_1B r6	L	l_B	基本尺寸 (d、d_1B)	极限偏差 d h5	h6	d_1B r5	L	l_B
28				130,150	40	50	0 −0.011	0 −0.016	+0.050 +0.034	250,270,280,300	80
				150,170	45					220,240,250,270	65
	0 −0.011	0 −0.016	+0.050 +0.034	150,160,180	50	55				250,280	70
				180,200	55					250,280	75
32				150,170	45		0 −0.013	0 −0.019	+0.060 +0.041	250,270,280,300	80
				160,190	50					290,320	90
				180,210	55	60				250,280	70
				190,210	60					290,320	90

注:1. 表中字母 d_1、l 的下标 B 为编者所加,仅表示为 B 型导柱参数。

附录表-32　导套

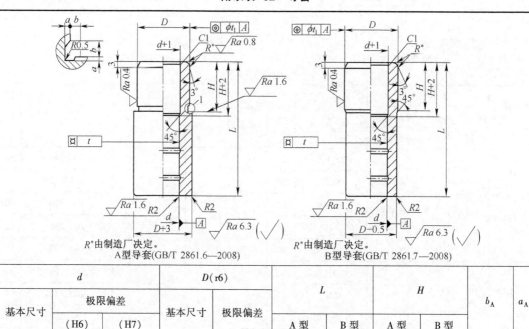

R^* 由制造厂决定。
A型导套(GB/T 2861.6—2008)　　　　B型导套(GB/T 2861.7—2008)

d 基本尺寸	极限偏差 (H6)	(H7)	D(r6) 基本尺寸	极限偏差	L A 型	B 型	H A 型	B 型	b_A	a_A
16			25		—	40	—	18		
	+0.011 0	+0.018 0		+0.041 +0.028	60,65		18,23		2	0.5
18			28		—	40,45	—	18,23		
					60,65,70		18,23,28			
20			32		—	45,50	—	23,25		
	+0.013 0	+0.021 0		+0.050 +0.034	65,70		23,28		3	1
22			35		—	50,55	—	25,27		
					65,70		23,28			

d			D(r6)		L		H		b_A	a_A
基本尺寸	极限偏差		基本尺寸	极限偏差	A 型	B 型	A 型	B 型		
	(H6)	(H7)								
22			35		80		28,33	33		
					85		33	38		
25	+0.013 0	+0.021 0	38	+0.050 +0.034	—	55,60	—	27,30		
					80	—	28	—		
					80,85		33			
					90,95		38			
28			42		—	60,65	30			
					85		33			
					90,95,100		38			
					110		43			
32			45		—	65,70	—	30,33		
					100		38			
					105,110		43			
					115		48			
35	+0.016 0	+0.025 0	50	+0.060 +0.041	—	70	—	33		
					105,115	105	43			
					115,125		48			
40			55		115,125,140		43,48,53			
45			60		125,140,150		48,53,58			
50			65		125,140		48,53			
					150		53,58	58		
					160		63			
55	+0.019 0	+0.030 0	70	+0.062 +0.043	150		53			
					160		58,63	63		
					170		73			
60			76		160,170		58,73			

注:1. 同一行参数中标注相同个数的数字,其数值一一对应。

2. 表头字母 b_A 等下标仅表示为 A 型导套参数。

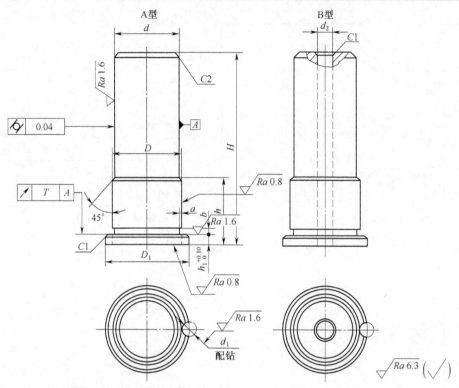

标记示例:

直径 $d=30$ mm,高度 $H=73$ mm、材料为 Q235 的 A 型压入式模柄:

模柄 A30×73 JB/T 7646.1—2008 Q235

d(d11)		D(m6)		D_1	H	h	h_1	b	α	d_1(H7)		d_2
基本尺寸	极限偏差	基本尺寸	极限偏差							基本尺寸	极限偏差	
20		22		29	68	20						
					73	25						
					78	30						
25	−0.065 −0.195	26	+0.021 +0.008	33	68	20	4	2	0.5	6	+0.012 0	7
					73	25						
					78	30						
					83	35						
* 30		32		39	73	25						
					78	30						
					83	35						
					88	40						
32	−0.080 −0.240	34	+0.025 +0.009	42	73	25	5	3	1			11
					78	30						
					83	35						
					88	40						

d(d11)		D(m6)		D_1	H	h	h_1	b	α	d_1(H7)		d_2
基本尺寸	极限偏差	基本尺寸	极限偏差							基本尺寸	极限偏差	
35		38		46	85	25						
					90	30						
					95	35						
					100	40						
					105	45						
38		40		48	90	30	6			6	+0.012 0	13
					95	35						
					100	40						
					105	45						
	−0.080 −0.240		+0.025 +0.009		110	50		3				
* 40		42		50	90	30						
					95	35						
					100	40						
					105	45						
					110	50						
* 50		52		61	95	35			1			
					100	40						
					105	45						
					110	50						
					115	55						
					120	60						
* 60		62		71	110	40	8			8		17
					115	45						
					120	50						
					125	55					+0.015 0	
					130	60						
					135	65						
					140	70						
	−0.100 −0.290		+0.030 +0.011		123	45		4				
					128	50						
					133	55						
* 76		78		89	138	60	10			10		21
					143	65						
					148	70						
					153	75						
					158	80						

注:1. 材料:Q235、Q275 GB/T 700—2006。

　　2. 带:"＊"号的规格优先选用。

　　3. 技术条件:按 JB/T 7653—2008 的规定。

附录表-34　凸缘模柄(JB/T 7646.3—2008)　　　　　　　　　　单位:mm

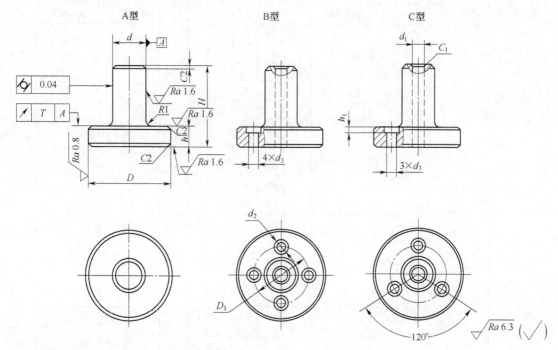

标记示例:

直径 d = 40 mm, D = 85 mm,材料为 Q235 的 A 型凸缘式模柄:

模柄 A40×85 JB/T7646.3—2008 Q235

d(d11)		D(h6)		H	h	d_1	D_1	d_2	d_3	h_1
基本尺寸	极限偏差	基本尺寸	极限偏差							
30	−0.065 −0.195	70	0 −0.019	64	16	11	52	15	9	9
40	−0.080 −0.240	85	0 −0.022	78	18	13	62	18	11	11
50		100				17	72			
60	−0.100 −0.290	115	0 −0.025	90	29		87	22	13	13
76		136		98	22	21	102			

注:1. 材料:Q235、Q275 GB/T 700—2006。

　　2. 技术条件:按 JB/T 7653—2008 的规定。

附录表-35　槽形模柄（JB/T 7646. 4—2008）　　　　　　　　单位：mm

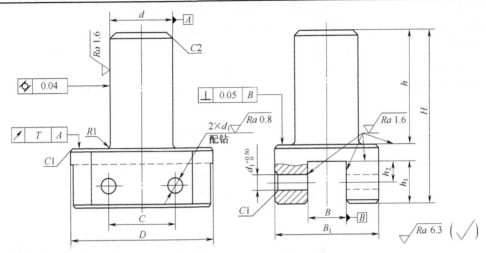

标记示例：

直径 d = 25 mm、宽度 B = 10 mm、材料为 Q235 的槽形模柄：

模柄 25×10 JB/T 7646. 4—2008 Q235

| d（d11） | | D | H | h | h_1 | h_2 | B（H7） | | B_1 | d_1（H7） | | C |
基本尺寸	极限偏差						基本尺寸	极限偏差		基本尺寸	极限偏差	
20		45	70		14	7	6	+0.012 0	30			20
25	−0.065 −0.0195	55	75	48	16	8	10	+0.015 0	40	6	+0.012 0	25
30		70	85		20	10	15	+0.018 0	50	8		30
40		90	100		22	11	20		60			35
50	−0.080 −0.240	110	115	60	25	12	25	+0.021 0	70	10	+0.015 0	45
60	−0.100 −0.290	120	130	70	30	15	30		80			50
							35	+0.025 0				

注：1. 材料：Q235、Q275 GB/T 700—2006。

　　2. 技术条件：按 JB/T 7653—1994 的规定。

参 考 文 献

[1] 刘建超,张宝忠.冲压模具设计与制造[M].北京:高等教育出版社,2006.

[2] 欧阳波仪.现代冷冲模设计应用实例[M].北京:化学工业出版社,2008.

[3] 郑展,张永春.冲压模具制造工(中级)[M].北京:机械工业出版社,2009.

[4] 王秀凤,张永春.冷冲压模具设计与制造[M].北京:北京航空航天大学出版社,2010.

《冲压模具设计》读者意见反馈表

尊敬的读者：

感谢您购买本书。为了能为您提供更优秀的教材，请您抽出宝贵的时间，将您的意见以下表的方式(可从 http://www. 下载本调查表)及时告知我们，以改进我们的服务。对采用您的意见进行修订的教材，我们将在该书的前言中进行说明并赠送您样书。

姓名：_____　电话：_____

职业：_____　E-mail：_____

邮编：_____　通信地址：_____

1. 您对本书的总体看法是：

　　□很满意　　□比较满意　　□尚可　　□不太满意　　□不满意

2. 您对本书的结构(章节)：□满意　□不满意　改进意见_____

_____

3. 您对本书的例题　□满意　□不满意　改进意见_____

_____

4. 您对本书的习题　□满意　□不满意　改进意见_____

_____

5. 您对本书的实训　□满意　□不满意　改进意见_____

_____

6. 您对本书其他的改进意见：

_____

_____

_____

7. 您感兴趣或希望增加的教材选题是：

_____

_____

_____

请寄：

电话：